길 여행자

Road Traveler

길 여행자
Road Traveler

강성일 지음

이담북스

centents

동해 바닷길 Best 3

남도 섬 길 Best 3

서해 바닷길 ^{Best 3}

지리산 둘레길 ^{Best 3}

오지 트레킹 ^{Best 3}

걷기 좋은 꽃길 ^{Best 3}

숨기고 싶은 길 ^{Best 2}

 강성일 작가를 떠올릴 때면 배낭 메고 홀로 먼 길을 걷는 모습과 외진 바닷가 민박집 베란다에 앉아 와인 잔 들고 멍때리는 모습이 교차한다. 평일에는 일상에 매진하다가 주말만 되면 어딘가로 훌쩍 여행 떠나는 루틴을 내가 아는 한 그는 십 년째 이어오고 있다. 절반은 그 혼자서, 절반은 동반자를 공개 모집해 함께 떠나는 두 가지 여행 패턴이다. 그가 기획한 주말여행에 여러 번 함께 해본 나로서는 동반자들의 이틀 시간을 의미 있고 재미있게 만들어주는 그의 특출난 재능이 못내 부러웠다. 그와의 인연은 십 년 전 나의 두 번째 여행서에 그의 동해안 사진 수십 장을 제공받아 실으면서부터였다. 처음엔 인세를 나누는 계약 관계였지만 이후 지금껏 음악과 여행이라는 공통의 관심사로 일상의 일부를 공유하는 동지 겸 친구로 지내오고 있다.

 그의 첫 책은 '섬'에 국한됐지만 이번은 방방곡곡으로 범위를 넓혔다. 그가 걸었던 수백 개 길들 중에서 베스트 20곳만을 추린 것이다. 내가 걸었던 길도 여럿 보이기에 그 선정에 백 퍼센트 신뢰가 간다. 여행 스타일리스트로서의 맛깔스럽고 담백한 여행 이야기들이 한적한 호수의 물결 파문처럼 잔잔하게 이어진다. 술술 읽히는 그의 문장들 속 단어 하나하나들이 진주알처럼 영롱하게 빛난다.

'모든 위대한 생각은 걷는 자의 발끝에서 나온다.' 어려운 철학자 니체가 이런 쉬운 말도 했다. 풀어야 할 문제가 있거나 머리가 복잡할 때 나는 무조건 길을 나선다. 동네 뒷산이든 가까운 천변 길이든 서너 시간 걷다 보면 꼬였던 실타래가 쉬이 풀리곤 한다. 우리 인간의 사유(思惟)에는 한계라는 게 없는 듯하다. 철학자이든 범인(凡人)이든 길을 걷는 자의 머릿속에선 때로 우주가 만들어지기도 한다.

대한민국엔 언제부턴가 걷기 열풍이 몰아치고 있다. 제주 올레가 생기면서 전국 각지엔 수많은 걷기 길들이 따라 생겨났다. 새로 만들어진 길은 아니고 오래전부터 있어 왔던 길들이 하나의 길로 이어지면서 새로운 이름으로 거듭난 것이다. 원래는 사람들이 일부러 찾아가 걸을 일은 없는 길들이었다. 울긋불긋 리본들이 매달리고 이정표와 표지목들이 세워지면서 적막했던 길 위에 사람들 발자국이 차곡차곡 쌓여왔다.

2016년 동해안 해파랑길이 생긴 이래 남해의 남파랑길이 이어지더니 작년엔 서해안에 서해랑길에 이어 금년에는 DMZ 평화의 길까지 이어진다. 바야흐로 대한민국을 한 바퀴 도는 코리아 둘레길 4,300km가 완성되는 것이다. 수도권에선 경기 둘레길 860km까지 조성되어 수많은 걷기 마니아들을 끌어모으고 있다. 우리나라도 네팔이나 뉴질랜드처럼 도보여행의 천국으로 변해 가는 느낌이다.

코로나 터널을 벗어나 여행하기 좋은 계절이 다가왔다. 강 작가가 추천하는 대한민국 도보여행길 베스트 20을 따라 걸어보자. 동해안과 서해안의 시원한 바닷길 혹은 남도의 고즈넉한 섬 길 아니면 내륙 깊숙한 오지와 꽃길 등이 펼쳐진다. 익숙하거나 낯선 길 위에서 강 작가의 글과 사진을 따라 걸으며 독자들은 자신의 내면을 들여다보거나 가물거리는 옛 여행의 추억에 빠져들 수도 있다. 혹은 찌든 일상에서 겹겹이 쌓아왔던 먼지와 때를 훌훌 털어내는 카타르시스를 맛보기도 할 것이다. 안양 지역 와인 명소가 된 '크리스펍'을 경영하는 틈틈이 각종 봉사와 대외활동에도 헌신하고 있는 그다. 치열하게 일상을 살아가는 자만이 담아낼 수 있는 미려한 언어와 이미지들이 포토에세이 같은 이 한 권에 빼곡하게 들어차 있다.

2023년 5월
여행작가 이영철

나는 읽는 것을 좋아한다. 궁금한 것은 기필코 읽어야만 직성이 풀리는 걸 보면 변호사와 정치인이라는 직업을 가진 게 천운이라 할 수 있다. 안양의 국회의원으로서 아침마다 신문을 읽고, 한 아이의 엄마로서 아이가 가지고 온 가정통신문을 읽는다. 태생적으로 호기심이 많은 한 사람으로서 이따금 전문 서적을 읽고 필요하다면 논문과 관련 자료를 찾아 읽는다. 국회에 들어와서도 국회의원들의 독서모임인 '책읽는 의원 모임'의 연구책임의원으로 4년째 함께하고 있다.

읽는 것을 좋아하는 이유는 다른 게 아니다. 글에 있는 지식이 나의 지식이 되고, 작가가 느낀 감정이 나의 감정이 되고, 그의 체험이 나의 체험이 되기 때문이다. 짧다면 짧고 길다면 긴 '읽는 시간' 동안 나의 세계는 느리게, 그러나 꾸준히 확장되었다.

그러기에 자신의 소중한 여행기를 나눠 주는 이 책이 더욱 반갑다. 회색 도심 한복판에서도 그의 걸음을 따라 초여름 마을버스에서 나오는

11

〈벚꽃엔딩〉을 들었다. 흙냄새를 타고 다양한 초록을 뿜어내는 산등성이를 보았다. 늘씬한 바닷바람을 만지며 자연이 만든 꽃길을 걸었다. 여행 중 만난 사람들과 나누는 즐거운 대화는 덤이었다.

가끔은 그들을 뒤로한 채 다음 여행지로 옮기는 발걸음이 무겁기도 했다. 필연적으로 여행에 따라붙는 아쉬움은 어떻게 극복할 수 있었을까? 그때 그가 말했다. 더 많이 듣고, 더 많이 보고, 더 많이 사랑하라고. 그러기 때문일까, 그의 여행기는 세상을 향한 다정함으로 가득 차 있다.

바쁜 세상이다. 나만이 아니라 이 세상을 사는 모두가 그럴 것이다. 사건·사고는 하루를 멀다 하고 쏟아지고, 내 할 일 하는 것도 버거울 때가 있다. 내가 잡은 키가 바른 방향으로 가는 게 맞는 건지, 확인할 길 없는 시간이 막막한 밤도 있었다. 그럴 때 그의 다정함을 다시 꺼내 읽어야겠다. 더 많이 듣고, 더 많이 보고, 더 많이 사랑하는 그의 여행을 따라 꾸준히 나의 세상을 키워야겠다. 그가 떠날 다음 여행을 기대하며 한 장 한 장 나누는 가장 작은 여행 한 권, 일독을 권한다.

더불어민주당 경기도 안양시 동안구을

국회의원 이재정

나는 걷는다

　카를 융은 그의 책에서 도시인들을 'Wounded Healer'라 표현한다. 다시 말해 우리 모두는 '상처받은 치유자'라는 뜻이다. 누군가에게는 토닥거리며 위로와 희망을 주지만 정작 자신은 그로 인해 일말의 상처를 받는다. 각자마다 그 상처를 치유하는 방법이 있다. 나는 걷기 여행을 통해 그 상처를 치유하고 있다.

　나에게 걷기 여행의 영감을 일깨워 준 베르나르 올리비에는 아름다운 고독은 때로 절망을 극복하는 최고의 치료제라며 스스로를 위로한다. 도시인들은 도시가 뿜어내는 가식과 허세에 질려 자연을 찾고 여행을 통해 위로와 안식을 갈구한다. 회색도시에서 벗어나 혼자 있고 싶어 여행을 떠나지만 자연에서 힐링할 수 없어 더 외로워지는 영혼도 부지기수다.

이 책이 그런 영혼들에게 작은 길잡이가 돼 주면 좋겠다. 자연을 걸으며 그 생명력들과 함께 호흡하고 공감하면 좋겠다. 녹음이 하늘을 가린 계곡 길에 발 담가 발가락 사이로 흘러가는 물줄기를 즐기고, 풍경 좋은 언덕을 만나면 배낭을 베개 삼아 낮잠을 청해도 좋을 것이다. 해 떨어져 어둑어둑해지면 낯선 민박집에 묵으며 주인장과 회포를 풀어도 좋을 테고.

우리 산하 곳곳을 여행하며 가장 사랑하는 길 20곳을 모았다. 혼자여도 좋고 사랑하는 사람과 함께여도 좋을 것이다. 걸으며 사색하고 그 여행을 통해 지친 영혼을 달랬으면 한다. 바닷길, 산길, 섬을 걸으며 고뇌했던 여정들이 고스란히 담겨 있다. 때론 즐거웠고, 때론 힘들었던 사고의 단편들을 모았다.

사랑이 서로의 부분집합을 줄여 교집합을 키우는 과정이라면 걷기 여행은 도시와 자연이라는 부분집합에서 행복이라는 교집합을 키우는 행동이라 말하고 싶다. 재미와 의미를 함께 경험할 수 있는 최고의 힘이 걷기 여행이다. 두 발로 사색하며 걷다 보면 어느새 자연과 하나 되는 과정을 즐기고 있는 자신을 발견하게 된다. 들숨과 날숨을 내쉬며 도시의 노폐물을 자연에 쏟아내고 신선한 대자연의 공기를 몸속에 불어넣는다. 몸속에서 전율하는 상쾌한 기운에 자연스레 미소짓게 된다.

걷기 여행을 통해 자연과 사람이 만들어가는 따뜻한 정(情)을 사진과 글로 담았다. 걸으며 만난 행복한 여행 이야기를 함께 나누고 싶었다. 해파랑길을 걷고, 지리산 둘레길을 걸을 때, 또는 오지 트레킹을 할 때도 혼자지만 누군가와 동행하는 느낌이었다. 그렇게 자연과 동행하는 과정을 이 책에 담았다.

길 떠나는 여행자들이여, 그대들에게 축복이 있기를……

2023년 어느 길에서

동해 바닷길 ^{Best 3}

해파랑길 21코스
(영덕)

해파랑길 25코스
(울진)

해파랑길 39코스
(강릉)

느리게 산다는
것의 의미

한국의 몰디브
망양해변

솔밭 사이로 난
바닷길

느리게 산다는 것의 의미

느림이라는 태도는 빠른 박자에 적응할 수 있는 능력이 없음을 의미하지 않는다. 느림이란 시간을 급하게 다루지 않고, 시간의 재촉에 떠밀려가지 않겠다는 단호한 결심에서 나오는 것이며, 또한 삶의 길을 가는 동안 나 자신을 잊어버리지 않을 수 있는 능력과 세상을 받아들일 수 있는 능력을 키우겠다는 확고한 의지에서 비롯하는 것이다.

- 피에르 쌍소 《느리게 산다는 것의 의미》 중

느낌Feeling과 가치Value

피에르는 그의 책에서, 느림은 부드럽고 우아하고 배려 깊은 삶의 방식으로 보인다고 이야기한다. 한 발 더 나아가 한가로이 거니는 것은 시간을 중단시키는 것이 아니라, 시간에게 쫓겨 몰리는 법 없이 오히려 시간과 조화를 이루는 것이라 역설하고 있다. 구애받지 않는 자유로움이라……. 정말 근사한 단어의 조합이다. 24시간 ON 되어있는 유비쿼터스 시대를 살아가는 우리네 삶에 느림이나 한가로움을 찾기는 쉽지 않아 보인다. 부, 건강, 인간관계에서 발생하는 과다 스트레스를 먹고 사는 이들은 영혼을 쉬게 해줄 그들만의 안식처를 찾아다닌다. 소파에 누워 리모컨을 돌리거나, 친구들을 만나 먹고 마시고 떠들기를 하며 육체적인 휴식을 갈하는 이도 있다. 반면 어떤 이들은 자연을 찾아 그곳에서 위안을 삼거나, 아예 자연과 하나가 되어 캠핑을 즐기며 영혼의 쉼을 구하는 이들도 있다. 각자 살아가는 방식이 다를 뿐 어디에도 정답은 없다. 사람들의 영혼을 움직이는 건 느낌(Feeling)과 가치(Value)다.

지금도 가끔 진지하게 고민하는 게 하나 있다. 내가 느끼는 행복지수에 관한 문제다. 욕망(Desire)이 없던 아프리카 부시맨들은 행복지수 100 이상으로 부족함 없이 원시적(?)으로 잘 살았다. 적어도 하늘에서 콜라병이 떨어지기 전까지는 말이다. 문명이라는 도구는 밀가루 반죽할 때 용이하게 쓰이기도 했고, 귀퉁이를 살짝 깬 날카로움으로 물건을 자르거나 빛을 반사시켜 아이들을 재미나게도 했다. 그때부터 소유욕이 생기면서 분쟁이 싹트기 시작한다. 급기야 콜라병을 차지하기 위해 옆 부족과 전쟁까지 일으키게 된다. 문명의 발달은 인간들을 편리하게 하기는 하지만 좀 더 편리하고자 하는 무한 욕망을 기하급수적으로 증가시키게 된다. 종국에는 질병과 빈곤 그리고 환경파괴를 수반하게 된다. 제사상 차리는 비용을 아끼기 위해 상차림 회사에 아웃소싱 시키는데, 업체를 찾고 제대로 하는지 확인하기 위해 신경을 많이 쓴 나머지 약을 사 먹는 데 더 많은 비용이 드는 꼴이다. 나는 과연 느리게 산다는 의미나 홀로 사는 즐거움을 만끽하고 살고 있는 것일까? 지금 내 행복지수는 몇일까? 그 자조(Self-help)의 답을 찾기 위해 오늘은 '동해 바닷길'을 걷는다.

한가로이 거닐기

영덕 블루로드 B코스는 바닷길을 걷는 매력이 물씬 묻어나는 길이다. 몰디브나 보라카이만큼은 안 되지만 햇살에 반짝이는 옥빛 바다는 영롱하고 상큼하다. '푸른 대게의 길'이라 불리는 B코스는 해맞이 공원에서 축산항까지 이어지는 총 12.7km의 바닷길로 대략 4시간 30분이 걸리는 코스다. 이 길의 카피는 '바다와 하늘이 함께 걷는 길'인데, 걷는 내내 이 말이 거짓이 아님을 알게 된다. 바다를 끼고 걷는 매력을 그 무엇과 비교 하리오!

오랜 가뭄 끝에 바다를 만나 반갑긴 하지만 부실한 점심 탓인지 허기짐에 발걸음이 무겁다. 해맞이 공원에서 산 얼음물이 더디게 녹아 갈증까지

유발한다. 더운 날씨 탓인지 그
렇게 물을 마셔도 여전히 가슴은
물을 갈 한다. 다행히 한 발 한 발
디딜 때마다 파도가 부서지며 드
러내는 하얀 속살과, 신비한 기암

▲ 해파랑길 이정표

괴석들이 있어 지루하지 않다. 가
다 쉬다 하며 걷다 보니 어느덧 노물리가 나타난다. 현재 시간 오후 세 시
반. 여기서 심각한 갈등에 처하게 된다. 지칠 대로 지친 육신을 여기서 휴
식케 할 것인지, 아니면 다음 마을인 석리까지 강행할 것인지가 고민이다.
마을을 둘러보니 작지 않은 규모로 멋들어진 펜션들도 많아 보인다. 그런
데 내가 좋아하는 아기자기한 맛은 없어 보인다. 민박집 주인장과 반주 한
잔 하며 나누는 인생 대화가 그립기 때문이다. 인심 좋은 어촌 민가에서 물
한 잔 얻어먹고 다시 길을 나선다.

해녀상을 지나면서부터는 멋진 풍경들이 사라지고 시선은 앞으로만
고정된다. 차라리 노물리에서 고단한 여정을 풀었으면 하는 후회도 하지
만 우보천리하며 앞으로 나간다. 이때부터 머릿속에 떠오르는 상상은 오
직 하나다. 식은 밥을 시원한 물에 말아 고추를 찍어 먹는 상상! 고추가
없다면 싱싱한 겉저리 김치도 좋을 것이다. 중요한 건 식은 밥에 얼음물
을 말아야 한다는 거다. 물론 보리밥이면 금상첨화일 테고.

B코스의 매력은 이 때 유감없이 드러난다. 끊임없이 펼쳐지는 멋들어

▲ 빨간 등대, 자로 그은 수평선 그리고 코발트빛 블루

진 풍경들은 지친 여행자에게 에너지를 불어넣어준다. 모퉁이를 돌 때마다 드러내는 바다와 절벽의 아름다운 조화와 신선한 공기를 연신 뿜어대는 소나무 숲길은 새로운 각오를 다지게 해 준다.

마지막 고개를 돌자 나타나는 빨간 등대! 나도 모르게 입에서 "아" 하는 감탄사가 나온다. 신나서 발걸음도 가벼워진다. 마을 초입에 이르니 이정표에 석리마을이라 적혀있다. 작지만 고즈넉하고 아늑한 마을이다. 서둘러 민박집을 찾아본다. 연휴라 그런지 모두 문을 닫았는데, 다행히 횟집 주인장이 윗집 민박집 연락처를 알려주며 전화해 보라 한다.

"여보세요?"
"민박하려고 하는데 가능할까요?"
"몇인데요?"
"혼자입니다. 잠만 자고 아침 일찍 떠날 겁니다."
"혼자요? 우린 민박이지만 펜션식이라 좀 비싼데 괜찮을까요?"
"얼만데요?"
"6만 원은 받아야 됩니다."
"음……. 깨끗이 쓰고 갈 테니 5만 원에 해 주시면 안 될까요?"
"올라오세요!"

말 그대로 깨끗한 별실로 내부에 화장실과 욕실까지 갖춘 방이다. 짐을 내리고 계산하러 주인장 네에 들린다. 누가 사람을 망각의 동물이라

했는가? 방 값을 계산하며 나도 모르게 황당한 말이 흘러나오고 만다. 여태껏 머릿속에서 맴돌던 한 가지 생각!

"혹시 식은 밥에 물 말아 고추 찍어 먹을 수 있을까요?"
나를 바라보는 주인장의 눈빛이 어이없어 하는 표정이 역력하다.
"밥값은 드릴 테니 식은 밥에 물 말아……."
한참을 웃더니 한 마디 던지신다.
"좀 있다 우리 식구들하고 저녁 같이하시죠? 찌개와 생선도 있으니 먹을 만할 겁니다."

아주머니께서 냉장고에서 포도 두 송이와 얼음 물 한 병을 건네주신다. 그 때 건네받은 포도송이는 먹을 것을 든 채 행복해 하는 다섯 살 말괄량이 같은 표정을 만들었다. 방에 돌아온 후 대충 씻고 껍질째 삼키기 시작한다. 포도를 좋아하긴 하지만 여느 때는 껍질과 씨를 뱉어내고 먹는데 이때만은 달랐다. 영락없는 굶주린 한 마리 짐승의 모습이었다. 여태껏 가장 맛있게 먹은 포도로 기억된다.

땀으로 범벅이 된 몸과 옷을 시원하게 샤워한 후 방을 나선다. 가게에 들러 맥주 하나 들고 석리 방파제로 향한다. 언덕 위에 절벽 모양으로 펼쳐진 마을 모양은 흡사 산토리니를 연상케 한다. 방파제엔 낚시꾼들이 세월을 낚고 있고, 서해에서 피어 오른 일몰의 빨간 여운이 마을 지붕을 살며시 감싸 돈다. 방파제에 누워 맥주 한 캔을 다 비울 때쯤 문자가 울린다. 저녁 먹으러 오라는 행복한 명령이다. 집 옆 마루에 차려진 밥상은 그야말로 진수성찬이다. 찐 호박잎, 삶은 소라, 김치찌개, 생선 튀김에 풋고추까지. 모든 반찬이 여기서 기르고 잡은 것들이다.

"차린 건 없지만 많이 드세요, 아까 보니 많이 시장해 보이던데……."
"아, 예……. 잘 먹겠습니다. 참, 괜찮으시면 같이 쇠주 한 잔 하시죠?"
"그럼 한 잔만 할까요?"

술병 두 개가 금방 비워졌다. 서울과 상주에서 레스토랑을 하다가 이곳의 마력에 빨려 청산하고 석리에 오게 되셨다 한다. 그길로 남편은 고깃배를 사서 고기잡이에 나서고, 사모님은 민박을 하며 마을 일을 돌봐주시고 계시다. 민박집에서의 사람 사는 얘기는 고루한 삶을 살맛나게 만

▲ 석리 민박집 황후 만찬

든다. 안타까운 건 이곳이 원자력 발전소가 들어올 부지로 확정되었다는 얘기다. 돌이 많아 적합지로 선정되었다는데, 마을 곳곳에는 반대한다는, 철회라라는 플랫카드가 걸려있다. 현실화 된다면 이토록 아름다운 B코스도 사라진다고 생각하니 가슴이 저며 온다. 제기랄.

맥주 몇 개를 들고 방파제로 향한다. 이미 어둠이 내려앉은 방파제는 다소 을씨년스럽다. 보름달이 달려와 금방 딴 캔 맥주 안으로 스며든다. 달아날까 낼름 달을 마셔 버린다. 바닷가에서 가장 좋아하는 러브마크 중 하나는 방파제 시멘트 바닥에 누워 별을 보는 거다. 북두칠성을 찾은 후 한 잔 마시고, 카시오페아를 찾은 후 또 한 잔을 마신다. 찾는 별이 없어 고개를 돌리면 휘영청 밝은 달이 미소 짓는다. 이렇게 누워 있으면 마냥 행복해지고 밤새 누워 있고 싶어진다. 멈춰 선 여행자에게 선사하는 자연의 고귀한 선물이다.

아침 일출은 여섯 시 반경에 시작된다. 구름 뒤로 살짝 숨어 버린 태양이 아쉽기도 하지만 색다른 일출의 감동을 선사해 준다. 주인집에 들러 밥값을 계산하려 하니 손사래를 치신다. 오히려 만나서 반갑고 좋은 얘기 나눠서 고맙다 하신다. 또다시 들르겠다는 기약 없는 약속을 하고 바다로 향한다. 같은 바닷길인데 어제 석리로 올 때와 석리에서 경정리로 가는 느낌은 사뭇 다르다. 정과 육체적으로 충전된 상태에서 바라보는 바닷길은 가히 환상적이다. 손을 치켜 든 군인상에 하이파이브도 해 주며 신나게 걷는다. 경정리는 대게 원조마을로 고려 말기에 여행 부사 정방필이

▲ 영덕의 그저 흔한 일출

대게가 유명한 이곳을 순시하기 위해 마차를 타고 넘었다 하여 차유(車
踰)라 불리게 되었다.

또다시 바다와 하늘을 함께 걸은 후 목적지인 축산항에 도착한다. 블
루로드 다리를 건너 죽도산 전망대에 올라 항구를 바라본다. 강구항과 더
불어 가장 활발한 항구로 부두는 꿈틀꿈틀 살아있다. 하산 길 카페에서
홍차 한 잔 하는 여유를 가져본다. 철 지난 바닷가 카페를 지키는 웨이터
의 외로움이 잔잔한 음악으로 묻어온다. 종착지인 농협 앞에서 스탬프를
찍고 바로 옆 횟집에서 물회로 브런치를 한다. 달콤물컹한 회가 입안에

▲ 종착지인 축산등대에서 바라본 축산항

넣어져 목으로 타고 넘어가는 부드러움이 좋다. 그래, 이곳은 블루로드 B 코스 종착지인 축산항이다.

우리는 소소한 일상의 행복을 맛보기 위해 여행을 한다. 때로는 빼어난 풍경과 산하를 경험하며 지친 영혼을 치유하기 위해 여행을 떠나기도 한다. 여행을 통해 우리는 많은 선물을 자연에게서, 그리고 따뜻한 사람들에게서 받는다. 우리가 여행을 통해 이런 긍정적인 면들을 체험하고 받아들인다면, 느리게 사는 이유나, 한가로이 살아가는 이유가 충분하지 않을까?

영덕 해맞이 공원　　　　　　　　　　　　　　　　　　축산항

걷는 거리: 12.7km　　소요 기간: 4시간 30분
영덕 블루로드 B코스로 바다와 해송을 끼고 도는 가장 아름다운 길

한국의 몰디브
망양해변

여행은 생각의 산파다. 움직이는 비행기나 배나 기차보다 내적인 대화를 쉽게 이끌어 내는 장소는 찾기 힘들다. 우리 눈앞에 보이는 것과 우리 머릿속에서 떠오르는 생각 사이에는 기묘하다고 말할 수 있는 상관관계가 있다. 때때로 큰 생각은 큰 광경을 요구하고, 새로운 생각은 새로운 장소를 요구한다. 다른 경우라면 멈칫거리기 일쑤인 내적인 사유도 흘러가는 풍경의 도움을 얻으면 술술 진행되어 나간다.

- 알랭 드 보통 《여행의 기술》 중

여행의 기술

창가에 앉아 스치는 풍경을 바라볼 때가 있다. 나에겐 가장 사색하기 좋은 시간이다. 알랭 드 보통의 말마따나 흘러가는 풍경의 도움을 얻으면 쉽게 생각의 산파에 사로잡힌다. 풍경은 스쳐 지나가지만 생각은 미래에 있다. 그래서 살아온 날보다 살아갈 날을 고민하고 궁리한다. 머릿속에는 항상 'How'라는 단어가 떠날 날이 없다. 어떻게 하면 사람과의 관계를 더 매끄럽게 할 수 있을까? 어떻게 하면 적당한 자본이 나에게 스쳐 지나가게 만들 수 있을까? 또 어떻게 하면 소소한 버킷리스트를 달성해 최종적인 내 인생의 골(목표)을 이룰 수 있을까? 책상에 앉아 아무리 머리를 싸매도 생각나지 않던 공상들이 창가에만 앉으면 벼락같이 쳐들어온다. 그러다 보니 창가에 앉는 요령이 생겼다. 동해로 달릴 땐 오른쪽 창 쪽 좌석을 예매하고, 남도로 달릴 땐 비교적 해가 늦게 들어오는 왼쪽 창가를 선호한다. 이렇듯 여행의 기술은 거창한 것만이 있는 건 아니다.

해파랑길을 걸으며 경험으로 알게 되는 노하우들도 하나둘씩 쌓여간다. 바닷길을 걸을 땐 적어도 두 개의 얼음 물통을 준비하고, 과일은 칠레산 청포도나 껍질이 얇은 방울토마토를 준비한다. 먹기 편하고 깎거나 자를 필요가 없어 좋다. 가끔씩은 황도 캔을 밀폐 용기에 담아 얼렸다 바닷길 정자에서 퍼 먹는 맛도 별미다. 바닷길에서는 허기짐보다는 텁텁한 가슴과 입을 적셔 줄 그 무엇이 간절히 그리워진다. 그럴 때 애타게 찾는 것이 과일이니 꼭 준비하도록 하자. 물론 배가 고플 땐 스니커즈 한두 개면

노 프라블럼이다.

우리는 늘 또 다른 일상을 꿈꾼다. 여행을 통해 새로운 경험을 터득하고 새로운 자아를 찾아가게 된다. 설사 같은 여행지를 방문한다 해도 계절적, 환경적 요소의 변화에 따라 다름을 느끼게 된다. 봄에 지리산 둘레길을 찾을 때와 가을에 찾을 때의 감정은 확연히 다르다. 계절에 따라 '아름다운 새로운 시작'과 '풍요로운 절제된 미'가 같은 장소에서 느껴지는 다른 시각이다.

법정 스님이 추천한 책《플러그를 뽑는 사람들》에는 이런 구절이 있다.

> "지금 이 세계는 가속도가 붙은 채 내리막길을 걷잡을 수 없이 달리는 기차와 같다. 사람들은 자신이 과연 그쪽으로 가야만 하는지 의심하면서도 안전하게 뛰어내릴 그 방법을 찾지 못해 불안에 떨면서 어쩔 수 없이 앉아 있는 꼴이다."

휴머니즘적 행복을 향해 달려가는 기차가 아닌 계급적으로 칸칸이 막힌 설국열차를 맞이해야 하는 현실적 암담함. 법정 스님은 그 해결책으로 자연을 이야기한다. 생명의 원천인 자연을 가까이하지 않으면 점점 인간성이 고갈되고 인간의 감성이 녹슨다고 한다. 그래서 종국에는 사람들이 모두 박제된 인간이나 숨 쉬는 미라가 되고 만다는……
어찌 보면 우린 이미 숨 쉬는 미라가 되고 만지도 모를 일이다. 인간 자유의 의지보다는 사회의 룰에 따라, 개인의 행복 추구보다는 가족의 안정을 위해 희생당하며 살아가는 건 아닐까? 인간성 상실이라는 대명제 아래 바쁜 숨만 들이켜는 금붕어 같은 삶을 살고 있지는 않은지 반문해 봐야 할 것이다.

우리는 한가로이 거니는 법을 배우고, 느림을 통해 삶의 근원적인 의미를 되찾는다. 나아가 걷기를 통해 잃어버린 나 자신의 자아를 회복해야 한다. 나를 사랑해야 타인을 사랑할 수 있듯이 홀로 걷는 시간을 통해 충만한 심적 여유를 가질 수 있을 것이다. 자신에 대한 강한 자신감은 삶에 대한 당당함과 직결되듯이 나를 철저히 사랑하자. 혼자 걸을 때, 온전한 자유를 만끽할 때 나는 나 자신을 사랑한다. 사람이 그립더라도 과감하게 혼자 떠나자. 귓가에 스치는 감미로운 바람 소리나 햇볕의 양에 따라 시시각각 변하는 바닷빛은 혼자일 때만 감상할 수 있는 축복이다. 루소는

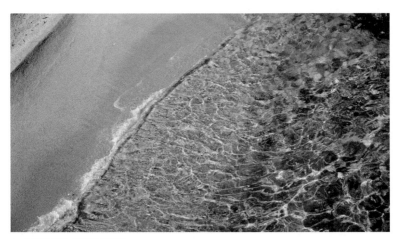

▲ 육지와 바다 사이의 경계선

종일 걸으면서 순수한 자연인(호모 비아토르)이 되겠다는 계획을 세우며 자신에게로 떠나는 여행을 수차례 시도한다. 하지만 궁극적인 목표가 너무 추상적인지라 목적지에 이르기도 어렵다. 철저히 혼자 걸으며 자연과 처절한 사투를 벌이지만 왠지 모를 아쉬움에 목말라 한다. 혼자서 여행을 떠나고, 자연과 하나가 되는 것까지는 성공했지만 '왜'라는 질문 앞에선 속수무책이다. 그렇다면 우리는 왜 혼자서 걷는 것일까?

한국의 몰디브, 망양해변!

재방송 없는 인생을 살아가는 우리네 인생. 비싼 대가를 치르고서야 깨닫게 되는 소중한 경험들. 적당히 벌고, 적당히 쉬고 싶지만 현실은 녹록지 않다. 로봇처럼 출근해 생체 에너지를 다 소진한 후 축 늘어진 어깨를 안고 집으로 돌아온다. 꿈과 희망을 찾아 바둥거려 보지만 한 줄기 신

▲ 죽변 언덕 위의 집

▲ 꽃으로 포위된 망양정

기루와 같다. 화성에서 온 남자는 그렇게 가정과 사회 속에서 점점 더 자아를 잃어만 간다. 현재에도 미래에도 살지 못하는 13층(영화 〈13층〉에 나오는 제한되고 컨트롤되는 가상공간)에 더부살이 삶을 살고 있다. 당신 스스로를 떠나게 해 줄 멘토나 동기 유발자마저 없다면 참 외로운 인생길이다.

그렇게 진부하던 내 삶의 멘토는 울진 바다였다. 고교 시절부터 시작해 머리가 희끗희끗해질 때까지 망양정을 찾아 바다와 파도에게서 위로를 받았다. 지치고 외로울 때마다 용기를 주고 자신감을 키워 준 고마운 존재다. 아마 이때부터 여행을 좋아하기 시작했었던 것 같다. 지금도 망양정이나 죽변을 찾으면 오랜 친구를 만나는 것같이 기쁘다. 다만 건배잔을 부딪쳐 줄 친구가 아니라 아쉽지만 바라만 봐도 마냥 흐뭇하고 기분이 좋아진다.

▲ 에메랄드빛 바다를 보여주는 사동항

도로가를 벗어나니 낯익은 풍경들이 시야에 들어온다. 라디오에서 흐르는 유행가를 흥얼거리며 항구에서 그물 손질하는 어부들, 노랗게 익어가는 황금들판에서 피를 뽑아내는 아낙의 손길, 빨강 방파제 끄트머리에 앉아 세월을 낚는 강태공들의 여유로움. 그런 풍경 속을 헤집고 다니는 낯선 이방인! 기성리에서 사동항을 가기 위해서는 작은 언덕을 넘어야 한다. 떠나기 아쉬운 듯 강한 햇살로 땀범벅을 만들어 준 여름이 다소 야속하다. 그런데 정상 터널을 지나면서 마주치는 황홀한 풍경에 그만 주

저앉고 만다. 바다를 향해 난 아스팔트 끝으로 펼쳐진 에메랄드빛 바다에
취한다. 옥빛 바다를 살포시 감싸 안은 하얀 등대 사이로 드넓게 펼쳐진
파란 하늘! 아이보리 백사장과 더불어 완벽한 조화를 이룬다. 이런 바다
는 보라카이나 푸껫에서도 보지 못한 특별한 바다다. 햇살에 일렁이는 바
닷빛이 너무나 곱고 순결하다.

▲ 망양해변의 옥빛바다

이런 바다를 마지막으로 본 건 몰디브로 출장을 갈 때였다. 섬 하나에 리조트가 하나인 곳이라 보름간 열댓 개의 섬을 다녀야 했다. 거의 하루에 한 개의 섬을 돌아다닌 셈이다. 어떤 섬은 보트로, 어떤 섬은 수상비행기로 들어갔다. 수상 방갈로에서, 바닥은 투명한 유리로 열대어들이 노니는 풍경을 감상하고, 밤이 되면 하늘을 수놓은 은하수를 세며 잠이 들었다. 업무차 간 일이라 낮에는 사진과 비디오를 찍어야 했고, 저녁에는 매니저와 협상의 법칙을 복습해야 했다. 가장 잊지 못할 풍경은 몰디브 힐튼에서 스킨스쿠버를 할 때였다. 산호초와 수중 절벽이 맞닿은 코랄에 핀 형형색색의 산호초 군락들과 열대어들이었는데, 지금까지도 그곳보다 아름다운 풍경을 본 적이 없을 정도로 매력적이었다.

▲ 망양 휴게소 전망대

▲ 망양 휴게소에서 바라본 코발트빛 블루

사동항에서 기성망양 해변으로 이어지는 고혹적인 풍경이 몰디브에서의 추억을 끄집어낸 것이다. 물이 너무 맑아 햇살을 머금은 바다는 다이아몬드형 그물 물결을 만들어 낸다. 그 가상 그물 사이를 노니는 물고기들은 잡힐 걱정은 없다. 요동치는 바다의 아름다움이란 이런 것이었나 보다. 정신 차려 고개를 드니 저 멀리 망양 휴게소가 보인다.

사동항을 벗어나니 오징어 풍물거리가 이어진다. 바닷가 넓은 빨랫줄에는 오징어들이 단체로 일광욕을 즐기고 있다. 하도 먹음직스러워 몰래 다리 하나라도 입에 물고 싶을 지경이다. 바짝 마른 오징어보다는 반건조시킨 피데기가 더 쫄깃한 게 맛있다. 인향 가득한 항구에서 시작해 바다를 꿈꾸는 산길을 건너 바람이 불어오는 곳에서 마침표를 찍은 멋진 길이다.

▲ 몸을 말리는 반건조오징어들

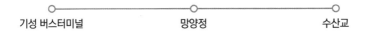

기성 버스터미널   망양정   수산교

걷는 거리: 23.3Km   소요 기간: 8시간 30분
에메랄드빛 바다와 아기자기한 항구를 맛보는 길. 긴 길이라 1박을 요함.

솔밭 사이로 난 바닷길

"아침에 눈을 뜬 순간 내 생각은 당신으로 가득하오. 나를 사랑에 취하도록 만든 당신과의 어제저녁은 나의 모든 감각을 혼란스럽게 하오. 이제 12시면 당신을 떠날 거고, 3시간 후에 당신을 다시 보게 될 거요. 사랑하는 당신이여, 당신에게 수천 번의 키스를 보내오. 하지만 내게는 키스를 보내지 마오. 당신의 키스는 나를 불살라 버리니까."

- 나폴레옹이 연인 조세핀에게 보낸 75,000통의 편지 중 한 구절

Travel Letter

A에게!

어느 따스한 봄날이었죠. 우리는 눈빛으로 서로 대화를 나눈 후, 막 시작하려는 수업을 포기하고 영화 〈졸업〉처럼 두 손을 잡고 교실을 내달려 근교 공원으로 여행을 갔었죠. 인생의 무게만큼이나 무거워 보이는 거목 밑에 기대어 봄이 선사하는 따사로운 햇살과 산들바람으로 한참을 흘려 보냈었죠. 좀처럼 만나기 어려운 아름다운 날씨가 우리를 자연으로 떠밀었고, 우리는 수업을 포기한 채 즐기는 여유로움에 행복해했습니다.

금요일 저녁에는 오닐펍에서 아이리시 전통 휘슬 음악에 맞춰 어깨춤을 들썩이며 Bitter 한 모금으로 세상을 다 가진 듯 행복해했습니다. 스톤헨지에서 열리는 록 페스티벌에서는 진흙에 뒹굴며 어깨가 부서져라 슬램 댄스와 헤드뱅잉으로 세상과 맞짱 뜨는 법을 배웠습니다. 그렇게 우리는 세상을 사랑하며, 서로를 좋아했었지요. 살포시 감싸 안는 삶에 대한 흥미로움이 마냥 즐겁기만 했었죠.

하지만 당신은 다시 터키로, 나는 한국으로 이별해야만 했습니다. 당신이 이스탄불로 떠나기 전 마지막 이별 여행으로 에든버러로 떠날 때 기차 안에서 우리는 약속을 했습니다. 1년 후에는 이스탄불에서 만나고, 2년 후에는 서울에서 만나자고 말입니다.

1년 만의 재회였습니다.

어설픈 이별 후에 저는 이스라엘에서 터키행 비행기를 탔습니다. 그대를 다시 만난다는 설렘에 며칠 전부터 잠을 설쳤습니다. 텔아비브 공항에서

30여 분이 넘는 몸수색에도 짜증 내지 않았습니다. 사해에서 수영하고 난 후 다 나았다고 생각했던 다리의 염증이 통증을 수반할 때도 즐거운 기대감에 견뎌낼 수 있었습니다. 그리고 우린 탁심 광장에서 다시 만났습니다. 시장 귀퉁이에서 떨이로 팔던 장미 한 다발을 안겨 주며 우린 오랜 포옹을 했었죠. 학생 때와는 달리 당신은 멋진 사회인이 되어 있었습니다. 더 세련돼졌고, 더 매력적인 여인으로 다가왔습니다.

그에 비해 저는 이스라엘에서의 오랜 봉사활동과 배낭여행으로 정신적, 육체적으로 많이 지쳐 있었죠. 초라한 나의 몰골이 당신의 멋스러움에 약간 주눅이 들 법도 한데, 당신은 예전 그대로의 모습으로 날 맞이했습니다. 갈라타 다리 아래 카페에서 매일 계란과 햄으로 아침 식사를 하고 나면, 당신은 회사로 출근하고 난 블루 모스크 사이를 배회하거나 배 위에서 구워 주는 고등어 케밥으로 허기를 때우면서 당신을 기다렸었죠. 그랜드 바자르에서 짝퉁 셔츠로 을씨년스러운 이스탄불의 추위를 막았고, 톱카프 궁전에선 혼자 '위대한 유산'을 연출하곤 했답니다.

탁심 광장!
우리가 매일 저녁 포옹하며 만나던 만남의 장소였습니다. 건립 기념탑 아래서 당신을 기다리는 시간은 너무나 큰 고통이었습니다. 1분이 1시간처럼 느껴지는 그 기다림과 밤이 깊어지면 그곳에서 다시 헤어져야 한다는 두려움이 함께 엄습했습니다. 아스티클락 거리에서 새하얀 요구르트와 케밥으로 맛있는 식사를 하고, 보스포루스해협이 보이는 근사한 카페에서 에페스 맥주를 마실 수 있는 행복을 얻는 곳이었는데도 말이죠.

중동에서 지출이 많아서 당신에게 돈을 빌려 보름간 터키 일주를 했었죠. 당신에게서 빌린 300달러로 카파도키아, 파묵칼레, 에페스, 안탈랴, 트로이를 돌며 혼자 낭만을 떨었습니다. 그 당시 부끄러움도 없이 터키가 주는 대자연의 역사를 기행할 때도 함께하지 못한다는 아쉬움만 있었을 뿐입니다. 다시 이스탄불로 돌아와 당신과 여행에 대한 무용담을 나눌 때에도, 언덕 너머 무지개를 보고 온 어린아이처럼 혼자 신이 났었던 것 같습니다. 기억나는지요? 당시 이스탄불에서의 지친 영혼에 대한 속삭임을 펜으로 끄적여 놓았다가 후에 일기로 남겨서 당신께 편지로 보낸 적이 있었습니다. 당신에게서 빌린 여행 자금도 바닥이 나고, 성수기라 귀국행 비행기의 좌석표가 없어서 안절부절못하던 내용이었죠.

11월 20일

두 시간여의 비행 끝에 마마리스에 도착했다. 아름다운 해변이 있는 휴양도시다. 철 지난 휴양지엔 스산한 기운만이 손님맞이를 해 준다. 마마리스에서 눈을 붙이고 아침 일찍 출발할 계획이었으나, 터키에서의 첫 번째 행운은 뜻하지 않은 곳에서 찾아왔다. 숙소를 찾던 중 호텔을 나서는 배낭객에게서 소중한 정보를 얻었다. 마침 늦은 시간에 이스탄불로 출발하는 버스가 있어 곧바로 이스탄불로 향했다. 장장 13시간의 장거리 버스 여행이었다.

이스탄불!

동과 서가 교차하고 관광객들에게 풍요로운 도시! 숙소를 찾아 한참을 헤매다가 블루 모스크 뒤쪽 게스트 하우스에 여장을 풀고 그녀와 탁심 광장에서 만나기로 했다. 두근두근하는 가슴을 주체할 수 없다. 1년 전 서로의 나라로 돌아가면서 약속한 1년 만의 해후다.

탁심 광장 옆 길거리 꽃집에서 한 아름의 노랑 장미를 사고 그녀를 만났다. 많이 세련되고 성숙해진 모습이다. 예전의 앳된 모습은 사라지고 성숙한 여인의 모습이다. 전통 케밥 레스토랑에서 식사를 같이했다. 오랜만에 맛보는 정식 만찬이지만 음식이 코로 들어가는지 눈으로 들어가는지 모르겠다. 함께 있어 행복한 순간이다. 이스탄불에서 그녀와 이렇게 행복한 시간을 보낼 수 있다니. 내일은 보스포루스해협의 아름다운 카페에서 아침을 같이하기로 했다. 비가 속절없이 내린다.

숙소에 다다르니 익숙한 노래가 귓가에 울린다. 〈티파니에서 아침을〉이라는 노래가 지금의 내 마음을 표현해 주나 보다.

11월 29일

8일간의 터키 일주를 마치고 이곳 이스탄불에 다시 도착했다. 짧고도 긴 힘든 여행이었지만 이번 여행 역시 날 만족시키기에 충분했다. 버스 정류장에서 군대로 입영하는 아들을 축하해 주는 가족들의 모습, 시장 골목에서 시골 상인들이 동양의 이방인에게 베푸는 따뜻한 차 한 잔, 카파도키아 숙소 주인의 친절한 배려, 파묵칼레에서 만났던 일본인 친구들. 머릿속 작은 일기장에 차곡차곡 저장되었다.

마마리스에서 시작해 Istanbul, Sesuk(Efes), Tire, Pamukale, Kapadokia (Goreme) 등의 지역을 여행했다. 아니 역사 문화 탐방이라는 말이 더 좋겠다. 동양과 서양의 교집합이 보여 주는 고대 문화와 자연의 경이로움에 한없이 작아지는 여행자.

저녁에 다시 그녀를 만났다. 터키식 빵과 요구르트로 저녁을 먹고, 묵고 있는 숙소의 라운지 바에서 풍부하고 즐거운 대화의 교류를 가졌다. 그대, 참 사랑스러운 여인이다. 마냥 바라보고픈 여인이다. 이곳 타향에서 두근두근과 가슴 설렘이라는 감정을 선사한 여인에게 감사한다.

12월 1일
화요일 비행기가 불가능하다. 목요일 비행기까진 돈이 턱없이 부족하다. 제기랄, 예상했던 문제가 발생해 버렸다. 어렵게 마련한(?) 여행경비를 좀 더 아껴 쓰지 못함에 자책만 할 뿐. 이곳에선 유럽처럼 축제 같은 크리스마스 분위기를 느낄 수 없다. 지금쯤이면 분주한 거리와 상점, 카드와 트리 장식이 난무해야 할 때인데 말이다.

다리에 난 작은 피부병이 재발했다. 찬바람이 불어올 때마다 어김없이 나타나는 계절성 바이러스인데 참 끈질긴 녀석이다. 사해에서 다 나은 줄 알았는데. 여행 끝자락에 서서 아련한 아쉬움에 숨이 막힌다. 이대로는 고향에 돌아가고 싶지가 않다. 누군가는 땅거미가 질 때면 귀향 본능을 일으킨다는데 난 에페스 한 잔이 그립다.

12월 2일

올해도 마지막 달이 어김없이 찾아왔다. 이제 나도 새로운 나이를 맞이할 준비를 해야 한다. 내일은 다시 항공사를 찾아서 항공 좌석을 확정 지어야 한다. 게스트 하우스에서 만난 친구와 탁심 광장까지는 동행하기로 했다. TAKSIM! 이곳은 내게 특별한 의미를 지닌다. 이상하게 이곳에서만 그녀를 만난다. 그래서 자연스레 이곳이 그녀와의 미팅 포인트가 되어 버렸고 추억의 교차점이 된 곳이다. 어제는 그녀 회사가 있는 거대한 쇼핑센터에서 점심을 같이했다. 중동에서 느껴보지 못했던 버거킹 와퍼 세트의 풍부한 육질은 굶주린 하이에나에게 간만의 호사를 안겨서 참 게걸스럽게도 먹어 주었다.

식사 후 그녀는 다시 직장인으로 난 다시 여행객의 신분으로 복귀했다. 휘몰아치는 매서운 비바람이 정신없게 만들기 시작한다. 항구 다리 근처에서 군것질로 터키식 피자를 맛보고, 정처 없는 발길을 옮기다가 블루 모스크 바로 옆 대교 위에서 세월을 낚는 낚시꾼 옆에서 멈추었다. 다리 밑 통통배 안에서는 끊임없는 고등어들의 대학살과 동시에 BBQ 되어 샌드위치 속으로, 다시 사람들의 뱃속으로 쓸려 들어간다. 호기심에 고등어 샌드위치를 내 뱃속에도 2마리 던져 본다. 부실한 여행객들의 칼슘 영양 보충에 그만이다. 포만감에 고개를 돌려보니, 등 뒤로 보이는 아야 소피아와 여러 모스크들의 형체는 안개로 보이지 않고 길쭉한 기둥들만이 날 응시하고 있다. 온몸으로 침략해 오는 겨울바람이 번잡한 시장 골목으로 발걸음을 내몰았다. 마치 남대문 시장 같은 분위기였는데 역시 사람 사는 향기를 느끼기에는 시골 장터나 오픈 마켓이 제격이다.

어둠이 깔린 후 숙소로 돌아왔다. 아름다운 재즈의 연주가 내 머리를 어지럽힌다. 몹시도 낭만적인 트럼펫 연주이다. 〈Crying in the rain〉이다. 좌우로 둘러앉은 일본 친구들이 부지런히 입을 열었다 닫았다 한다. 매일 아침 식당에서 먼저 인사하는데, 꽤 괜찮은 녀석들이다. 반대쪽 자리에서는 터키 여인이 턱수염이 짙은 청년과 치시피시(백게몬) 게임에 사로잡혀 있다. 내일은 바쁜 일정이 될 것이다.

12월 3일

오후에 터키와 이탈리아의 축구 시합이 있었다. 정치적으로 복잡한 상황 속에 벌어지는 경기라 모두들 상당히 많은 관심을 보이고 있다. 지구촌 인접국 중에 사이 좋은 나라는 없다. 이번 경기는 우리의 한일전만큼이나 관심이 집중되어 있다. 오늘은 축구 때문인지 거리가 여느 때보다 한산하다. 음, 이리저리 배회하기 좋은 날이다.

햇살이 좋은 야외 테라스에 앉아 차 한 잔에 망중한을 즐긴다. 지금 여행을 즐기고 있는가에 대한 강한 의문이 든다. 정신적, 육체적으로 궁핍한 상황에서 말이다. 모국 도착 후 바로 병원부터 찾아야 할 것이다. 육체적인 문제로. 다음에 고향에선 당분간 휴식을 취해야 할 것이다. 정신적인 문제로. 그다음엔 돈벌이를 찾아야 할 것이다. 내년의 인도 여행을 위해서.

이토록 한국 음식이 그리운 적이 없었다. 매일 빵 조각으로 연명해 나가고 있어서일까? 어머님의 따뜻한 된장찌개와 모락거리는 흰쌀밥 한 그릇이 몹시 그립다. 내일은 전화로 귀국 소식을 알려야겠다.

하지만 다시 1년 후 휴가 차 한국을 방문한다던 약속은 저로 인해 성사되지 못했습니다. 갓 입사한 회사에서 일정 조율이 안 된 핑계도 있었지만 그땐, 비겁하게도 당신을 다시 만날 용기가 없었습니다. 당신이 보낸 아쉬워하는 편지와 어쩔 줄 몰라 하는 저의 가치관의 혼돈이 중첩됐습니다. 목도리와 장갑 포장 속에 빌렸던 돈을 넣어 보낼 때에, 그대와의 아련한 노스탤지어도 함께 보냈습니다.

사랑했던 A여!
그 후로 우린 세상에 서서히 길들여져 갔고, 가끔 우체통에서 서로의 생에 대한 흔적들만 교감할 수 있었습니다. 사계절이 한 바퀴 돈 후에 당신은 결혼사진 몇 장을 보내왔었죠. 잘생긴 신랑과 전통 결혼식을 올리는 사진이었죠. 내가 본 것 중에 가장 아름다운 모습이었습니다. 축하한다는 편지도 부치지 못하고 왠지 모를 공허함에 쓴 소주잔만 깨물었습니다. 그 후로도 당신은 씩씩한 아이들과 휴가를 즐기는 사진도 보내 주었습니다. 당신이 그렇게 멋있는 삶의 변화를 만끽할 때, 저는 자유로운 영혼이 되어 과거의 아련한 추억들에 바보 같은 웃음만 짓고 있었답니다.

당신을 광화문 광장에서 매일 만나는 꿈을 꾼 적이 있습니다. 아마도 당신을 한국에서 만나기로 한 약속을 지키지 못한 죄책감이었나 봅니다. 젊은 시절 내 영혼을 혼란하게 했던 A여, 한 시절 행복했던 추억의 한 페이지에 그대를 남겨 놓겠습니다.

▲ 우리네 삶도 이정표가 있으면 좋으련만

솔밭 사이로 난 바닷길

대관령 고개를 넘기 전까진 비가 흩날리고 짙은 안개가 시야를 가린다. 차마다 비상 깜빡이를 켜고 거북이걸음을 이어간다. 연막탄 수백 개를 터트린 듯, 한 치 앞도 내다볼 수 없다. 음악도 끄고 핸들도 두 손으로 잡는다. 언제 끝날지 모를 습한 안개 속 차량들의 피난 행렬은 한동안 이어진다.

긴 터널을 통과하면서 새로운 세상이 보이기 시작한다. 청명하고 쾌청한 산과 바다가 쨍하니 나타난다. 전망대에 들러 탁 트인 강릉 바다와 녹음으로 둘러쳐진 산세 풍경에 압도당한다. 산맥 하나를 두고 완전히 다른 두 세상이 공존한다. 여기저기서 캬~ 하는 감탄사가 이어진다. 연초록 빛깔이 싱그러워 눈물이 날 지경이다.

해파랑길 39코스 출발지인 솔바람다리로 향한다. 대여섯 가지 고운 빛을 발하는 바다와 끝없이 펼쳐진 수평선 그리고 경비행기에서 뿌린 솜사탕 구름이 파란 하늘을 수놓는다. 바다 앞에 선다. 파도처럼 다가와 코끝을 간질이는 바닷바람이 좋다. 바다를 유난히 좋아하던 소년이었다. 기억을 조각 모음 하다 보면 바다에서의 추억이 많다. 유한과 무한 사이에서 팍팍하게 살아가는 삶의 단편들이 바다 앞에 서면 새로운 실마리를 제공받는다. 그때부터 바다와 얘기하기 시작했다.

미래, 사랑, 사람에 대한 고민을 늘어놓으면 바다는 바위에 부딪치는 하얀 포말과 갈치 비늘처럼 반짝이는 은빛 물결로 답을 줬다. 그래서 틈만 나면 바다를 찾았고 또 찾는다. 바닷가에 서면 금방 질리기도 할 법한데 하염없이 바라보고 또 바라본다. 누군가 그런 나에게 '바다 바라기'라는 별명을 붙여주기도 했다. 그렇게 바다는 내 안의 큰 자리를 차지했다.

▲ 사천해변에서 바다를 잡는 어부

▲ 사천항에서 밤새워 잡은 포획물

▲ 성게 다듬는 아낙들의 부지런한 손길

안목항은 여전하다. 커피 골목에서 새어 나오는 향긋한 원두 냄새와 갓 구운 바게트 밀가루 향이 위를 유혹한다. 전망 좋은 카페에 올라 샌드위치와 커피로 점심을 때운다. 멋들어진 풍경을 바라보며 손과 입은 분주해진다. 바다에 선 사람들의 표정은 기쁨과 설렘으로 가득하다. 바다는 언제나 그 모습 그대로인데 바다를 찾는 사람들을 이리 행복하게 해 준다. 개그맨들이 온몸으로 사람들을 웃게 만드는 데 반해 바다는 아무 하는 것 없이 기쁨을 준다. 불합리하다.

▲ 안목항 바다를 걷는 여행자

▲ 허난설헌 생가의 소나무숲을 걷는 빨강

안목항에서 경포항까지 이어지는 송림은 가히 압권이다. 바다를 끼고 소나무 숲을 걷노라면 깊은 침묵으로 빠져든다. 사색에 젖어 이런저런 생각들을 정리하고 걸어온 길을 되돌아볼 때마다 생의 쉼표를 생각하게 된다. 소나무 숲 사이로 삐져나온 햇살의 익살스러움에 엷은 미소를 머금는다. 갈색 송림에 화려한 베네통 빛이 오갈 때 속세에 있음을 깨닫는다. 구름 위의 산책보다 더 신나는 게 송림을 걷는 맛일 거다.

▲ 경포대에서 허난설헌 생가로 가는 길

▲ 지친 여행자의 숙소 게스트 하우스

▲ 종착지 사천항의 로맨틱한 커피숍

예약해 둔 게스트 하우스에 짐을 푼다. 동화 속에 나올 법한 예쁜 집이다. 주인장의 애정이 물씬 묻어난다. 이 넓은 집에 객은 나 혼자다. 물회한 그릇 비우고 2층 카페에서 와인 한 잔을 비운다. 와인 한 병과 외로움은 한 여행자의 애를 끊는다. 취기가 목까지 올라올 즈음 바닷가에 앉는다. 말 없는 대화는 별빛이 희미해질 때까지 이어진다.

해파랑길 39코스!
바다와 소나무와 잘 어우러진 걷기 좋은 길이다!
사색하기 좋은 길이고, 외로움을 달래기 좋은 길이다. 외로우면 바다와 이야기해 보라. 의외로 말이 잘 통하는 친구다.

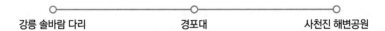

강릉 솔바람 다리   경포대   사천진 해변공원

걷는 거리: 15.8Km   소요 기간: 5시간 30분
안목항, 경포대, 허난설헌 생가 숲길 등 다양한 볼거리와 쉴 거리가 있는 길

남도 섬 길 Best 3

욕지도	매물도	금오도
느리게 걷는 즐거움	섬에서 만난 일 포스티노	무인도에 가져가야 할 세 가지

느리게 걷는
즐거움

그대가 살아온 삶은 그대가 살지 않은 삶이니

이제 자기의 문에 이르기 위해 그대는

수많은 열리지 않는 문들을 두드려야 하리.

자기 자신과 만나기 위해 모든 이정표에게 길을 물어야 하리.

길은 또 다른 길을 가리키고

세상의 나무 밑이 그대의 여인숙이 되리라.

별들이 구멍 뚫린 담요 속으로 그대를 들여다보리라.

그대는 잠들고 낯선 나라에서 모국어로 꿈을 꾸리라.

- 류시화 《하늘 호수로 떠난 여행》 중

5~6년 전에 혼자 욕지도에 갔었어. 당시에는 털털거리는 마을버스 한 대가 운행하고 있었지. 그 버스를 타고 섬 반대편 한적한 바닷가 마을에 내렸어. 그 마을엔 민박이나 펜션 같은 게 있을 리 없었지. 바다가 제일 잘 보이는 민가에 들어가 이렇게 말했어.

"지나가는 객인데 하룻밤 묵어갈 수 있을까요?"

"네?"

"무작정 이 마을에 내렸는데 마땅히 머무를 곳이 없어서요. 숙박비 드릴 테니 하루만 자고 가면 안 될까요?"

"마 돈은 무슨……. 그럼 누추하지만 옆에 사랑방 쓰소."

그렇게 그 집에서 하루를 머물며 복잡하던 생각을 정리했어. 마침 보름달이라 방파제에 누워 달과 함께 캔 맥주를 네댓 개 마셔댔지. 사업이 어렵던 차에 이것저것 고민할 게 한두 가지가 아니었어. 그때 위로가 돼 준 섬이 욕지도였어.

다음 날 아침 눈을 떠보니 해가 중천이야. 거실에 나가니 밥상이 놓였고, 그 옆에 메모가 있더군.

"멀리서 오셨는데 찬이 별로 없네요. 일찍 바닷가 나가야 해서 먼저 나갑니다. 조심히 가세요!"

순간 눈물이 벌컥 나더군. 하찮은 객에게 이리 잘해 주는 따뜻한 마음이 너무 고마웠어. 그래, 세상이 날 힘들게 해도 한 번쯤 살아볼 만한 가치가 있다는 자신감이 생겼지.

욕지도행 배와 버스 그리고 민박집을 예약했어. 그때 그 집은 기억이

나지 않지만 그때 느낌은 다시 맛볼 수 있을 것 같아서. 휴가철이라 비싼 금액을 처절하게(?) 깎아서 2박에 적정 가격으로 협상을 했어. 이번 여름휴가는 욕지도와 비진도에서 보내게 될 거야. 아마도 추억을 찾아 떠나는 여행이 되겠지.

그때 그 집을 찾아볼 거야. 기억을 하든 말든, 그대로 있든 사라졌든, 그 추억을 찾으러 갈 거야. 모든 예약을 마치고 그날을 기다리는 설렘! 거기에 변박과 즉흥성이 가미된 여행이면 더 좋겠지. 이것이 여행, 즉 재즈 같은 여행이 아닐까?

섬으로 떠난다는 건 대륙에서 도피한다는 의미지. 세상과의 마지막 끈을 끊고 나만의 세상으로 훌쩍 떠난다는 얘기이기도 하고. 영원히 떠날 순 없어도 한동안 멀어질 순 있을 거야. 섬에서는 적어도 남의 시선이나 눈치를 보지 않아도 돼. 가슴이 시키는 대로 움직이면 그것이 곧 행복이거든. 아침엔 얇은 책 하나 들고 베란다에 두 발 올려 하염없이 바다만 바라봐도 좋은 거야. 바다가 지겨우면 달달한 책 한 페이지 읽어 주면 되고. 오후엔 배낭 하나 메고 섬 산책에 나서면 좋아. 바람에 쓰러지는 풀들의 흐느적거림과 섬 구석구석에 숨겨진 절대 비경을 찾아 떠날 수 있거든. 섬이 던져주는 자연의 선물을 온몸으로 받아들일 거야.

태풍이 온다는 얘기도 애써 외면하며 떠났지. 통영 버스 터미널에 내리니 아직 어둠이 걷히기 전. 택시를 타고 여객 터미널로 달리는 내내 바

▲ 욕지 여객 터미널에는 만남과 떠남이 있다

다 냄새가 얼굴을 덮쳤어. 터미널 앞 자주 가는 식당에서 충무김밥 하나를 시켰지. 새벽에 삼키는 홀쭉한 김밥과 오징어 맛은 옛날 맛 그대로더군. 너무 맛있어 포장 하나 해서 배에 올랐다네. 가장 좋아하는 순간이 유람선에 올라 지나는 풍경을 감상하는 일. 사람들은 객실로 들어가 배낭을 베개 삼아 누워 자더군. 이렇게 아까운 풍경과 낭만을 놓치다니, 만선으로 회항하는 통통배에 손 흔들어 주고, 스쳐 지나며 마주하는 아기자기한 섬들과 기암괴석은 맛깔스러운 눈요기들이지.

연화도를 거쳐 욕지도에 이르니 담담하던 가슴이 쿵쾅거리기 시작하더군. 아련한 기억을 찾아 다시 방문한 섬이 왜 그리 반갑던지. 섬에 한 대뿐인 버스를 타고 섬을 돌아 예약한 펜션이 있는 도동으로 향했어. 짐을 풀자마자 배낭 메고 천왕봉으로 오르기 시작했다네. 보통은 야포에서 올라 천왕봉으로 오르지만 숙소에서 가까운 천왕봉을 올라 야포로 향하는 역방향 등산을 하기로 한 거지. 길이 없어 수풀을 헤치고 나뭇가지를

▲ 천왕봉 정상에 서서

꺾으며 산을 올랐다네. 다리엔 수풀에 긁힌
빨간 자국들이 선연하고, 등줄기엔 몸에서
배출한 소금물로 흥건해졌어. 문창살이 고
운 태고암에서 시원한 산바람에 땀을 식히
고 노루가 머물다 간 옹달샘에서 청아한 생
수로 갈증을 풀어줬어. 천왕봉 정상에 오르
니 눈앞에 펼쳐지는 고혹적인 풍경에 숨을
쉴 수가 없을 지경이더군. 얼어붙은 부동의
자세로 한없이 절경을 감상했다네. 바다에
펼쳐진 섬들은 바둑판에 던져진 바둑알 같
더군. 예전엔 느끼지 못했던 환상적인 풍경
에 욕지도와 깊은 사랑을 나눴다네.

▲ 욕지도의 절대 비경

▲ 정상에서 바라보는 장관은 욕지도가 최고다

정상에서 내려와 야포로 향할수록 섬이 뿜어대는 절경은 입에서 감탄사를 연발하게 만들더군. 출렁다리에서 포장해 온 충무김밥과 맥주 하나로 늦은 점심을 때웠다네. 그렇게 아름다운 풍경에서 맛보는 별미를 그무엇과 비교할 수 있겠는가. 유한한 섬을 돌아 무한한 행복을 영위케 하는 게 욕지도의 매력이더군. 굴업도, 매물도와 더불어 내 마음속 3대 섬으로 자리매김시켰다네.

야포에서 트럭을 히치하이킹해 화물칸에 올라타고 항구로 향했네. 두번이나 거절당한 후 얻어 타는 차량이라 아주 신나게 달렸지. 고단한 산행으로 인한 타는 목마름은 고등어 회 한 마리와 맥주로 달랬어. 달짝지근한 고등어 한 점 입안에 던져 넣고 차디찬 맥주 들이켜니 세상에 부러울 게 없더군. 보상 없는 삶은 상상할 수 없거든. 직장인에게 연말에 찾아오는 보너스가 없다면, 새벽을 깨우고 통통배를 몰고 간 어부에게 만선의기쁨이 없다면, 봄에서 가을을 거쳐 온 벼를 수확해 손에 쥔 두툼한 돈 봉투가 없다면 어찌 살맛이 나겠는가 말이지. 버스를 타고 숙소로 돌아오며마냥 행복했었네. 이제야 다시 이곳을 찾은 나를 원망도 했다네. 그렇게길고 깊은 욕지의 밤을 흘려보냈어.

다음 날 아침 일찍 버스를 타고 섬 일주를 떠났네. 내 마음속 그 민박집을 찾기 위해서였네. 가물거리는 기억을 찾아 눈을 부라리며 차창을 응시했다네. 한참을 돌았을 때 익숙해 보이는 작은 어촌이 시야에 들어왔네. 버스 기사님에게 소리쳐 급하게 내려 달래서 허둥지둥 내렸어. 깊이 파인

만과 어촌을 반쯤 덮은 방파제가 머릿속 깊이 잠든 기억들을 끄집어내더군. 그 언덕 위에 자리를 튼 오렌지 빛 작은 집! 그래, 그때 머물렀던 그 집이었어. 심장 박동이 격해지면서 발걸음도 빨라지기 시작하더군. 집 앞에 이르니 민박집이라는 작은 간판이 있고, 객지에서 찾아온 듯한 여행객이 멀뚱멀뚱 나를 응시하더라고. 그때는 가정집이었는데 욕지도가 유명해지면서 민박집으로 전향한 것 같았어. 순간 머리가 하얘지는 기분을 느꼈어. 수십, 아니 수백 명을 스쳐 보냈을 텐데, 나라는 존재를 어찌 알겠는가라는. 그렇게 힘들게 찾아왔건만 집 앞에서 발길을 돌려야만 했다네.

때로는 좋은 추억으로만 간직하는 게 더 좋은 게 있음을 알았네. 그 추억이 서로 간의 교감이 아닌 일방적인 짝사랑이었다면 더욱 그러하다는 것을. 태풍으로 이틀 동안 꼼짝없이 욕지도에 갇혀 있어야만 했다네. 바

▲ 비내리는 욕지도항

다가 잘 보이는 베란다에 앉아 쓸데없는 생각들로 시간을 흘려보내야만 했지. 머릿속에 과거의 추억을 버리고 새로운 추억을 담을 시간을 가졌어. 다시 찾고 싶은 보석 같은 섬이더군. 알고 보니 욕지(欲知)는 알고자 하는 열정이 가득한 섬이라는 뜻이더라고.

태풍이 잦아든 네 번째 날, 욕지도를 떠났다네. 내 마음속 소중한 추억여행을 다녀왔다네.

▲ 떠나는 배에서 바라본 욕지항

욕지 여객 터미널   천왕봉   야포

걷는 거리: 12.7Km   소요 기간: 4시간 30분
정상인 천왕봉에서 바라보는 절세비경은 가히 압권이다. 천상에 있는 느낌!

섬에서 만난
일 포스티노

시란 설명하려고 하면 진부해지고 말기 때문에 시를 이해하는 가장 좋은 방법은 그 감정을 직접 경험해 보는 것이다.

- 영화 〈일 포스티노〉 중

일 포스티노IL POSTINO

섬을 좋아하게 된 계기는 육지와 떨어진다는 이탈감과 도시와 자본에서 벗어난다는 해방감 때문이다. 그리고 섬에 대한 새로운 아름다움을 발견하게 한 영화 〈일 포스티노〉도 큰 영향을 끼쳤다.

어느 때부턴가 섬을 찾아 산봉우리에 오르면 발아래 펼쳐진 드넓은 바다와 바둑돌처럼 널브러진 작은 섬들을 보는 재미에 푹 빠진다. 일종의 영웅심리라고나 할까, 세상의 중심에 내가 서 있다는 우쭐함을 맛본다. 등줄기에 땀이 흥건해질 무렵 섬 정상에서 바라보는 풍경은 가슴 벅차게 만든다. 눈앞에 펼쳐지는 자연의 위대함에 숙연해지며 형언할 수 없는 풍만한 행복감이 썰물처럼 가슴에 파고든다. 이때마다 전망 좋은 언덕 위 벽돌집에서 담소를 나누며 걸어 나오는 네루다와 마리오가 환영처럼 나타난다. 로맨틱 시인이자 혁명가인 네루다와 어부의 가난한 아들이자 우편배달부인 마리오가 살아가는 이탈리아의 작은 섬 칼라디소토. 시와 은유를 통해 동질적 우정으로 변해 가는 영화 〈일 포스티노〉 이야기다.

칠레에서 추방당해 이탈리아의 작은 섬으로 귀향 온 네루다는 매번 반복되는 바다와 하늘의 지루한 변화를 보며 고루한 일상을 살아간다. 백수로 살아가다 우편배달부라는 직업을 갖게 된 마리오는 소문으로 듣던 시인을 만나며 흥미로운 열정을 가지게 된다. 고루한 일상에 지겨워하던 시인과 새로운 사람에 대한 흥미로움에 빠진 우편배달부의 만남은 운명이었다. 베아트리체라는 식당 여직원을 짝사랑하던 마리오는 달콤한 은유의 시구를 배워 사랑을 만들고 싶었다. 네루다는 순박한 청년의 정겨운 말동무가 되어 둘의 연합작전은 성공하게 된다.

마리오에게 있어 시를 배우기 전의 섬은 그냥저냥 내 의도와 상관없이 평범하게 살아가는 삶의 터전이었다. 하지만 시와 접목된 섬은 전혀 다른 느낌으로 다가온다. 칠레로 돌아간 시 선생 네루다를 위해 섬에서 발생하는 소리를 담기 시작한다. 바닷가에서 바위에 부딪치는 파도의 경쾌한 소리, 이리저리 흔들리는 바람에 눕는 풀들의 소리, 어부가 그물을 올릴 때 고깃배에 긁히는 둔탁한 소리, 나른한 일요일 오후를 깨우는 성당의 경쾌한 종소리. 시가 있는 섬은 그렇게 아름답고 평화스러울 수가 없다. 시는 설명할 수 없으며 그 감정을 직접 경험해 보라는 스승의 충고대로 마리오는 과거와는 전혀 다른 섬의 매력에 빠져들고 만다.

정치적 사면이 이뤄줘 다시 섬을 찾은 네루다는 벗과의 따뜻한 해후를 위해 마리오를 찾는다. 하지만 친구이자 스승을 맞이해 주는 건 마리오의 아들. 마리오의 안타까운 죽음과 아들의 해맑은 미소를 보며 감정의 복잡한 교차가 이뤄지는 네루다. 섬에서 함께했던 두 남자의 우정 이야기는 비극으로 막을 내린다. 그렇지만 슬픔보다는 포근하고 따뜻한 사람 냄새가 물씬 풍기는 영화다. 이 영화를 보고 섬을 사랑하지 않을 사람이 어디 있으리오.

흑백사진 속 여인

태초에 섬이 하나 있었다.

어부 두 명이 납치된 이후부터는 이 섬에 해군들이 주둔하게 되었다. 장군봉 정상에는 기지탑이 설치되었고, 해군들은 감옥 같은 이 섬에서 일 말의 세월을 보내야만 했다. 보이는 건 새파란 하늘과 옥빛 바다, 그리고 초록을 머금은 나무들이 전부였다. 맑은 날은 하늘과 바다색이 같아서 그 경계선을 구분할 수 없었다. 줄자를 대고 파란 크레용으로 선을 그렸지만 어디가 하늘이고 어디가 바다인지 알 수 없는 그 무엇이었다. 보이는 건 하늘 같은 바다와 바다 같은 하늘 그 두 개가 전부였다.

한낮의 지루함을 이기지 못한 한 병사가 마을에 내려가 어부들의 그물 손질을 도와준다. 일을 마치고 어부의 집에 초대되어 식사를 같이하게 되었다. 말린 생선 몇 조각과 김치가 전부인 걸인의 밥상이었다. 일상의 단조로운 식사에 질려온 병사에겐 황후의 밥상이었다. 더군다나 식사 내내 병사가 눈을 떼지 못하고 쳐다보던 낡은 사진 한 장이 있었다. 흑백사진 안에는 청아하고 단아한 한 여인이 미소 짓고 있다. 어부의 외동딸이었다. 병사는 가슴 설레면서도 용기 내어 한번 만나게 해 줄 것을 요청했다. 그렇게 인연이 되어 직업군인이 된 병사와 어부의 딸은 중매를 하게 되었고, 이 섬에 정착해 살게 되었다. 직업군인은 외양선을 거쳐 지금은 외지에서 건설업을 하고 있다. 사진 속 소녀는 미싱공, 일용직 잡부 등의 고단한 삶을 거쳐 옛집을 수리해 지금의 민박집을 운영하고 있다.

그 낡은 흑백사진 속 여인네 집에서 며칠을 보내게 되었다.

"혼자 뭐 하러 여까이 옵니까? 방값은 같으니께 마 둘이 오소."

"네, 혼자 여행하는 객이라 괜찮습니다."

"그라믄, 여기 식당도 가게도 없으니 햇반이나 먹을 거 단단히 챙겨오소."

"네~~."

통화상으로 지레 겁을 먹은지라 통영항에서 먹을거리를 바리바리 싸다 보니 큰 짐이 세 개나 된다. 통영을 떠난 여객선은 지친 바다를 힘겹게 가르며 나아간다. 여객선 승선자가 80여 명인데 달랑 세 명만 남기고 나머지 승객들은 소매물도에 버려진다. 매물도를 찾는 이가 줄어듦에 내심 즐거워하는 이기적인 여행자의 마음.

소매물도의 번화함을 뒤로하고 매물도에 도착하니 주머니에서 진동이 울린다. 민박집 주인아줌마의 반가운 환영 속에 체크인을 한다. 생각보다 젊어 보이시고 말투도 세련된 분이시다. 방과 욕실을 안내해 주시고, 매물도 관광에 대해서 설명해 주신다. 바다가 보이는 민박집이라 예약했는데, 오션뷰가 가히 예술적이다. 앞마당에 앉아 수평선에 맞닿은 하늘을 보며 망중한을 즐길 수 있어서 좋고, 떨어지는 해의 멋진 공연을 즐기기에도 안성맞춤이다.

민박집은 작은 터미널이다. 사람들이 오가며 만남과 이별을 이야기한다. 떠나는 사람들에게선 아쉬움이 묻어나고, 들어오는 이들의 표정에선 설렘을 읽을 수 있다. 떠남과 만남이 공존하는 곳이다. 그 공존의 교집합을 담당하는 분이 민박집 주인장이다. 항상 그 자리에 계신다. 맥주 한 잔에 새옹지마 같은 인생사를 얘기해 주시기도 하고, 여행객이 조금이라도 불편하지 않은지 세심하게 배려해 주신다. 투숙객 중 몇 분과 친해져서 식사도 같이하고, 몇 잔의 술로 삶의 다양성도 이야기한다. 이번 여행에서는 야심 차게 준비해 간 봄베이 진이 위력을 발휘해서 서먹서먹하던 분위기를 일순간에 화기애애하게 만들어 주었다. 주인장이나 여행객들과 함께 즐거움을 교감할 수 있게 해준 고마운 놈이다. 참여행자는 안다. 여행지에서 만난 주민들과 십분 이상 이야기하는 이는 여행자이고, 그렇지 않은 자는 여행객임을.

흑백사진 속 여인의 이야기에 여행자의 눈빛은 별처럼 반짝이고, 지친 밤은 적막한 침묵 속으로 빠져든다.

속세를 벗어나니 자연이 참 곱다

매물도는 당금마을과 대항마을로 나누어져 있다. 서로 멀진 않지만 들어오는 배 시간이 다르고, 당금마을에만 방파제가 있어서 일종의 큰형님 역할을 한다. 그러다 보니 여행객들도 당금마을에 더 많다. 예술가들이 두 마을을 꾸미기 시작해서 지금은 집집이 예쁜 현판과 조각물들로 채워졌고, 섬 전체가 하나의 작은 예술 조각들로 가득하다. 폐교의 고즈넉한 풍경, 절벽 밑으로 만을 형성해 만들어진 자갈 해수욕장, 전망대로 오르며 만나게 되는 흑염소 가족들의 나들이를 구경하는 맛도 구수하다.

▲ 당금마을의 고즈넉한 풍경

▲ 매물도 분교가 보이는 바다백리길

매물도의 큰 매력이라면 정상인 장군봉에 올라 소매물도를 비롯한 인근 섬들을 관망하는 거다. 장군봉을 오르며 드러나는 섬의 매력들은 압도적이다. 산에 오르다 보면 잘록한 허리쯤 되는 곳에 광활한 풀밭이 있다. 거센 바람을 막아 주는 이가 없어 이곳의 풀들은 항시 수난의 연속이다. 바람 불어 풀이 누운 자리에 파도 소리가 메아리친다. 8부 능선에 이르면 하늘에서 대항마을을 바라보게 된다. 오가는 배들이 뿜어내는 흰 물결들이 고요한 호숫가의 정적을 깨운다.

북으로 난 절벽은 유럽의 피오르식 해안 모양으로 절벽에 부딪히는 새하얀 파도의 모습이 절경이다. 또한 남쪽으로 이어지는 풀밭 트레킹 코스는 바다와 절벽이 함께 만들어내는 수려한 외모가 압권이다. 그렇게 한참을 내려오면 출발지인 대항마을에 이르게 된다. 뭐니 뭐니 해도 매물도의 최고 하이라이트는 대항마을-당금마을-전망대-쉼터-장군봉으로 이어지는 트레킹 코스다. 민박집에서 숯불에 구워진 고기로 배를 채우고 일행과의 달콤한 술에 취해 아침 일찍 떠나는 여행객들은 이 트레킹 코스의 참맛을 모를 거다. 섬 여행자들이여! 매물도를 겉핥기로 맛만 보고 떠나는 우를 범하지 않기를 바란다.

▲ 동백숲을 지나는 여행자

▲ 매물도 정상에서 바라보는 주변 섬 풍경

▲ 우리나라 3대 일몰 장관

　매물도의 일몰은 발리의 짐바란과 비교해도 손색이 없을 정도로 아름답다. 힘에 겨워 바다로 추락하는 빠알간 태양 덩어리가 마지막 안간힘을 쓰며 시시각각 화려한 색을 연주한다. 그래서 수평선 아래로 사라지기 전과 후의 풍경은 사뭇 다른 느낌을 가져다준다. 섬을 가려준다고 해서 '가리어'라고 불리는 5개의 암초 바위(흔히 매물도의 오륙도라고도 불린다)에 반사되는 일몰의 자태도 곱다. 방파제에서 낚시를 즐기는 강태공들의 모습을 보자. 해가 질 무렵 그들의 뒷모습은 또 하나의 '가리어'를 연상시킨다. 자연과 인간이 만들어내는 조합이 섬 이름만큼이나 아름답다.

　아~~ 매물도 사람처럼 살고 싶다!

▲ 매물도 사람처럼 살고 싶다는 아트 이정표

| 대항마을 | 당금마을 | 장군봉 | 대항마을 |

걷는 거리: 5.2Km   소요 기간: 3시간

정겨운 마을 풍경과 바람에 풀이 흐느적거리는 숲길을 만날 수 있는 섬

무인도에 가져가야 할
세 가지

나는 혼자서, 아무것도 가진 것 없이, 낯선 도시에 도착하는 것을 수없이 꿈꾸어 보았다. 그러면 나는 겸허하게, 아니 남루하게 살 수 있을 것 같았다. 무엇보다도 그렇게 되면 '비밀'을 간직할 수 있을 것 같았다. 나 자신에 대하여 말을 한다거나 내가 이러이러한 사람이라는 것을 드러내 보인다거나, 나의 이름으로 행동한다는 것은 바로 내가 지닌 것 중에서 그 무엇인가 가장 귀중한 것을 겉으로 드러내는 일이라는 생각을 나는 늘 해왔다.

- 장 그리니에, 〈섬〉 중

무인도에 갈 때 가져가야 할 세 가지

날이 잔뜩 서서 뭉툭한 것도 쉽게 상처를 낼 수 있는 칼, 텃밭에 뿌려 일용할 양식으로 키울 감자, 옥수수, 포도 씨앗 그리고 눈빛만으로도 마음을 읽을 수 있는 사랑스러운 연인. 무인도에 갈 때 가져갈 세 가지 목록이다!

'만약'이라는 가설은 과거형은 안타까운 후회로, 미래형은 간절한 희망으로 귀결된다. 만약에 아담이 사과를 따 먹지 않았더라면, 만약에 판도라의 박스를 열지 않았더라면, 만약에 신라가 당나라 도움 없이 삼국을 통일했더라면, 만약에 제2차 세계대전 후 소련과 미국에 의해 남북이 분단되지 않았더라면 같은 과거형은 안타까운 후회를 표현한다. 이에 반해 만약 앞 테이블의 긴 머리 여성이 내게 미소를 보낸다면, 만약에 온 인류가 핵무기를 포기한다면, 만약에 상처받은 누군가가 내 글과 사진을 보고 행복할 수 있다면 같은 미래형은 간절한 소망이나 희망이다.

그렇다면 여기 재밌는 질문을 하나 던져보자. 만약에 당신이 무인도에 가서 평생 살아야 하는데 꼭 세 가지만 가져갈 수 있다면 무엇을 가져갈 것인가? 자유로운 영혼이자, YOLO족이자, 노매드 여행자는 이렇게 답을 내놓는다.

첫째, 내셔널지오그래픽 'Man Vs Wild'의 베어그리스가 만능으로 쓰는 그런 칼 한 자루가 필요하다. 무인도에서는 가지를 쳐서 얼기설기 집 뼈대를 만들고 야자수 잎을 따서 지붕을 만들어야 한다. 긴 막대에 칼을 묶어 높이 달린 야자수도 따야 하고, 물고기를 잡을 날카로운 작살도 만들어야 한다. 물고기나 해산물을 잡으면 해체해서 요리도 해야 할 것이고. 영화 〈캐스트 어웨이〉에서 톰 행크스가 칼이 없어 스케이트 날로 대신하는 아둔한 모습을 재현하고 싶진 않다.

둘째, 무인도에서 먹을 일용할 양식이 필요하다. 바나나, 야자수, 생선으로는 부족하다. 감자, 옥수수, 포도 씨를 골고루 뿌려 둘 거다. 수확한 감자로는 재킷 포테이토를 만들거나 얇게 썰어서 야자수 오일이나 옥수수 오일로 튀겨 감자칩을 만들 거다. 작살로 잡은 생선과 함께 튀겨 피쉬 앤칩스로 만들어 먹을 거다. 옥수수가 자라면 야자수 껍질에 잘게 빻아서 장작불에 구워 바게트를 만들거나 수제비를 만들어 먹을 거다. 듬성듬성 썬 감자와 바닷가 갯바위에서 뜯어낸 소금을 넣어 저어주면 맛깔스러운 수제비가 완성된다(어차피 가정이니 작은 양은 냄비는 난파선에 밀려온 한 놈을 주운 것으로 하자). 마지막으로 포도가 맺어 영글면 땅을 파 야자수 잎을 깔고 포도를 짓이겨 즙을 숙성시킬 거다. 김치처럼 땅 밑에서 반년을 흘려보낸 포도를 야자수 껍질에 담아 매일 석양을 보며 마실 거다.

셋째, 무인도에서 대화의 교류를 나눌 이성 친구가 필요하다. 물론 연인이면 더 좋을 테고. 잘 튀겨진 피쉬앤칩스도 함께 먹어야 맛날 테고, 땅밑에서 잘 숙성된 와인도 함께 마셔야 샤토와인이 되는 거다. 사실 세 번

째는 '무한 파워와 인터넷이 제공되는 노트북'과 치열한 경쟁을 벌였다. 하지만 무인도에서 세상을 알아서 뭣 할 것이고, 음악을 알아서 뭣 할 건 가? 자연이 쏟아내는 경음악이 있고 무소유의 철학을 체험하는 안빈낙도에 사는 것보다 더한 행복이 있겠는가. 아프리카 부시맨 마을에 콜라병이 떨어져 밀가루 반죽을 하고 병을 깨 타 부족을 위협하기 전이 가장 행복한 그들의 세상이었다. 편리는 더 편안함을, 욕심은 더한 과욕을 불러 욕망의 파국에 이르는 게 인간들의 삶이다. 어쨌든 행복한 대화의 교류를 나눌 누군가가 있다면 외롭거나 우울하지 않을 거다. 그 대상이 여성이라면 더할 나위 없이 좋을 테고.

'로또에 당첨된다면'이란 질문보다 더 황당하지만 나름 사고의 정리를 할 수 있는 재밌는 질문일 게다. 우리가 숨 쉬는 공기와 태양, 풍족한 먹을거리와 더불어 살아가는 공존사회의 중요성도 되새길 수 있을 것이고.

▲ 섬 여행자

금오도 비렁길을 걸으며

여수를 지나 돌산에 이르니 봄이 마중 나왔다. 겨울을 피해 이리 온 줄 진작에 알았나 보다. 시골집 담벼락엔 동백꽃 봉오리가 맺혀 있고, 집 앞 텃밭에 심은 마늘 줄기에선 초록이 만연하다. 금강산도 식후경이라 했던가. 돌산 갓김치로 밥 한 공기를 후딱 해치우고 여수 막걸리로 목을 축이니 한겨울의 춘곤증이 밀려온다. 잠을 떨치려 돌산 이곳저곳을 배회하다가 파란 단청이 고운 고가와 마주친다. 고운 잔디를 즈려 밟고 마루에 앉아본다. 당당한 풍채를 보니 한때는 이곳을 호령하던 꽤나 잘나가던 관청이었나 보다. 뒷마당으로 돌아서니 가난한 밀대 자루들이 나란히 누워서 과거 서슬 퍼렇던 관청을 비웃고 있다.

여객선으로 금오도를 가기 위해서는 여수에서는 1시간 30분이 소요되지만 돌산 신기항에서는 20여 분이면 도착한다. 다도해 해상공원에서 가장 크다고 하는 금오도에 이번에 품을 비렁길이 있다. 사람과 차가 모두 배에 오르니 갈매기들의 환영 속에 출항한다. 과적한 차로 인해 배 문을 연 채 바다를 가르기 시작한다. 그 모습은 마치 화장실에서 지퍼를 올리지 않은 채 자랑스레 담배를 피우는 배불뚝이 아저씨 모양새다. 완연한 봄 날씨인데도 사람들은 지레 겁먹고 배 안으로 모두 들어간다. 갑판에는 출발 때부터 주시하던 갈매기와 나 둘뿐이다. 뭔가 요깃거리라도 던져 주리라 예상했던 친구도 포기한 채 원망 어린 눈빛을 안고 멀어져 간다. 다시 혼자다.

▲ 금오도 여객 터미널

▲ 갈매기의 꿈

금오도 여천항에 도착해 매표소에서 우선 안내 책자 하나 집어 든다.

"금오도의 해안 기암절벽을 따라 개설된 트레킹 코스 '비렁길.' 절벽의 순우리말 '벼랑'의 여수 사투리 '비렁'에서 연유한 이름으로 본래는 주민들의 땔감과 낚시를 위해 다니던 해안 길이었다. 함구미마을 뒤 산길에서 시작해 바다를 끼고 돌려 장지마을까지 형성된 18.5km의 비렁길은 도보로 6시간 30분가량이 소요되는데 완만한 경사 탓에 남녀노소 무리 없이 누구나 즐길 수 있다. 다른 올레길과 달리 숲과 바다, 해안절벽 등의 비경을 함께 만끽하는 매력에 탐방객들의 탄성이 절로 나온다."

▲ 비령길 이정표

▲ 금오도 항구

▲ 금오도 마을 풍경

▲ 금오도 어부의 그물 손질

금오도는 명성황후가 사랑한 섬으로 궁궐에 쓰이던 소나무 '황장목'을 기르던 곳이라 한다. 전남에 섬이 1,964개가 있고 여수에만도 317개의 섬이 있는데, 그 당시에 명성황후가 이 섬을 어떻게 찾아올 수 있었을까 하는 의구심이 들었지만 일단 설레는 마음으로 비령길 초입으로 향하기로 한다. 이곳 비령길은 5코스까지 있어서 오후에는 1코스와 2코스를 취하고, 내일 새벽부터 시작해 나머지 3, 4, 5코스를 종주할 생각이다. 함구미에서 자연을 걷기 시작한다. 여름이라면 숲에 가려 바다가 숨었겠지만, 추위에 발가벗겨진 앙상한 나무들 사이로 펼쳐지는 남도의 바다는 장관이다. 압권은 미역널방이라는 절벽 위에서 바라보는 호수 같은 바다 풍경이다. 김동명의 〈내 마음은 호수요〉가 머릿속을 절로 스쳐간다. 작은 파도 하나 일지 않는 남해 바다는 분명 거대한 호수 풍경이다. 돌이라도 하나 던지면 퐁당 하고 물이 튀어 오를 것 같지만 아래 절벽에서 돔을 낚는 강태공에게 피해가 될까 실행에 옮기진 못한다.

▲ 금오도 출렁다리에서 본 계곡바위

▲ 비렁바위

남해 바다는 모차르트, 동해는 베토벤, 서해 바다는 쇼팽이다.

남해는 여성적인 감미로움, 로맨틱한 낭만이 공존하는 바다다. 모차르트의 〈피아노 소나타〉나 바흐의 〈G 선상의 아리아〉가 잔잔히 울려 퍼지는 곳이다. 그에 반해 동해에는 남성적인 패기와 자신감 그리고 연인에 대한 열정적인 사랑이 있다. 베토벤의 〈교향곡 5번 운명〉이나 엘가의 〈위풍당당 행진곡〉이 동해에 어울릴 만한 곡이다. 마지막으로 서해는 우아하면서도 경쾌 발랄한 예비 신부와 같다. 쇼팽의 〈즉흥 환상곡〉과 파헬벨의 〈캐논 D장조〉가 제격이다. 다분히 주관적이긴 하지만 지금 귓가에 울리는 음악은 단연 〈G 선상의 아리아〉다. 잔잔한 피아노 선율은 담요가 되어 따사로운 햇살에 잠든 바다를 살포시 덮어준다.

신선대를 지나 두포에서 1코스를 마감하고 바로 2코스로 접어든다. 자연이 선사하는 장관을 보며 2시간을 걸었더니 에너지가 거의 소진되어 버렸다. 2코스부터는 풍경보다는 빨리 마치고 민박에 가서 감성돔 한 접시에 소주 한 잔 하고픈 생각뿐이다. 2코스 종점인 직포에 도착하니 피골이 상접하다. 구름에 가려 해넘이도 보여주지 못한 바다가 원망스럽긴 하지만 내일 해돋이를 기약하며 숙소가 있는 남면으로 바삐 움직여 간다. 돌짐 같은 배낭을 내팽개치고 곧장 식당으로 직행한다. 죄 없는 생선들을 참 게걸스럽게 입속으로 집어넣는다. 배고픔을 회로 달래는 이들이니 오죽하겠는가. 접시의 절반이 사라진 후에야 비로소 소주 한 잔이 생각난다. 소주 몇 병과 매운탕이 바닥을 드러낸 후에야 잠을 청한다. 그렇게 남도에서의 밤은 깊어가고 새벽길을 위해 여행자는 눈을 붙인다.

아침 해장을 하고 배낭을 메고 나왔는데도 마을은 아직 잠들어 있다. 달과 별도 사라질 기미를 보이지 않는다. 새벽을 깨우며 3코스를 시작한다. 매봉 전망대까지는 랜턴을 켜고 올라야 했다. 야속한 비렁길은 해돋이도 보여주지 않는다. 다음에 오면 더 잘 해주겠다는 삐끼보다 밉다. 학동에서 쉬었다가 4코스로 바로 들어 심포까지 곧장 내달린다. 벼랑 위를 걸어가는 기분이 상쾌하다. 아찔한 절벽 길도 좋지만 아기자기한 숲길과 대나무 길도 정겹다. 간간이 보이는 돌담집 풍경에서 매서운 비바람과 맞서며 한평생을 살아온 사람 냄새가 물씬 풍긴다.

마지막 5코스는 절벽 길의 연속이다. 얼굴을 내밀었다 숨겼다 하는 태양에 따라 바다도 춤을 춘다. 벼랑길을 돌 때마다 숨어 있던 섬들도 하나둘씩 모습을 드러낸다. 벼랑길을 걷다 보니 발리의 울루와뚜 절벽이 떠오른다. 한동안 발리의 매력에 흠뻑 빠져 자주 찾던 시절이 있었다. 신들의 섬, 물의 섬 그리고 젊은 배낭자들의 섬인 발리에서 이국적인 문화에 취했었다. 레기안, 스미냑, 꾸따 같은 다운타운에서의 밤 문화도 좋고, 짐바란에서는 세상에서 가장 아름다운 일몰을 보며 빈땅 맥주에 랍스터 한 접시면 세상을 다 품은 듯 행복했다. 우붓을 트레킹 하는 맛도 좋지만 뭐니 뭐니 해도 가장 강렬한 인상을 남긴 건 울루와뚜 절벽이었다. 그 장쾌한 풍경에 반해 틈만 나면 찾곤 했었는데, 이젠 그곳도 고급 풀빌라들이 들어서면서 점점 사유화되어 가고 있어 안타까움을 더한다.

▲ 금오도 일출 장관

▲ 트래킹 완주 후 마을로 복귀

나이가 들면서 뭔가를 시작해 끝까지 한다는 게 점점 힘들어진다. 그래서 이번 비렁길 종주는 지쳐가던 나에게 새로운 자신감을 불어넣어 준 계기가 됐다. 올 한 해도 섬 이곳저곳을 돌아다닐 생각이다. 그곳에서 사람을 만나고, 자연을 만나고, 세상을 지혜롭게 살아가는 새로운 나를 만날 거다.

▲ 긴 삶의 터널을 지나는 여행자

금오도 함구미 선착장　　　　　　　　　　　　　　　　남면 여객선 터미널

걷는 거리: 18.5Km　　　소요 기간: 8시간 30분
해안을 따라 끝없이 펼쳐진 기암괴석이 신비롭고, 호수 같은 바다의 은빛 물결을 품는 길

서해 바닷길 Best 3

변산반도 마실길
12코스

태안 해변길 1코스
(바람길)

고군산군도
(구불길 8코스)

찬란한 슬픔의 봄

가슴 뛰는 삶

대장봉에서 바라보는
천상 절경

찬란한 슬픔의 봄

여행은 즉흥시다. 미리 준비하고 계획하면 재미도 감흥도 사라진다. 바람이 데려다준 어느 곳에서, 언젠가 내 흥에 취해 보라. 들판, 하늘, 바람은 여행자에게 뜨거운 피를 흐르게 한다.

- 고은

여행은 재즈다!Travel is Jazz!

고은 시인은 여행은 즉흥시라고 얘기했지만, 같은 맥락에서 나는 여행은 재즈라고 생각한다. 같은 악보, 같은 방식으로 연주하는 음악은 식상하기 마련이고 결론적으로 설렘이 없다. 일행과 연주를 하다가 흥에 겨우면 박자도 비틀어보고, 예정에 없던 솔로도 할 수 있는 즉흥성의 매력! 그래서 여행은 재즈 같은 것이다. 우리가 재즈 같은 여행을 떠나야 할 이유다!

영화 〈피아니스트의 전설〉에서 격랑의 버지니아호 중앙 홀에서 피아노의 잠금장치(형식)를 풀고 피아노와 함께 홀을 미끄러져 다니며 연주하는 음악이 재즈이다. 그것이 또한 여행이다. 여행은 그 잠금장치를 풀 때 진정한 여행의 맛을 느낄 수 있게 된다.

서점에 가면 다양한 여행안내 서적이 즐비하다. 대부분이 길잡이 안내책이거나 포토에세이집이 주를 이룬다. 하지만 내게 관심을 가지게 하는 건 알랭 드 보통의 《여행의 기술》이나 다치바나 다카시의 《사색기행》 같은 류의 책이다. 이들 책에서는 어느 곳의 어느 식당이 좋다는 객관적인 내용이 아니라 기울어져 가는 허름한 작은 카페에서 느낄 수 있는 감미로움, 즉 주관적인 관점에서 여행을 이야기할 수 있어서 좋다. 그것이 내가 바라는 여행이고 재즈이다.

▲ 개와 늑대의 시간

개와 늑대의 시간(일몰 전후의 시간)이 되면 귀가 본능을 일깨워주는 음악도 재즈다. 해 질 녘 재즈를 듣노라면 어느 낯선 도시를 헤매는 노매드가 돼버리곤 한다. 록 콘서트에서 머리를 흔들고 스테이지에서 뛰어내리던 한 청년은 세월의 굴곡이 깊어질수록 찰리 파커와 존 콜트레인의 세계로 인도되었다. 마일즈 데이비스가 트럼펫의 매력을 일깨워주었고, 엘라 피츠제럴드와 빌리 할리데이는 재즈 듣는 맛을 즐겁게 해준 장본인들이다.

하루 종일 재즈만 들어서인지 센티멘털해진다. 끊었던 커피 향이 그립고, 옆에 있는 와인병에 눈길이 자꾸 간다. 먹고는 싶은데 한 병을 다 비울 자신이 없어 포기하고 만다. 한 곡의 음악이 사람을 이리도 평온하고 행복하게 만들 수 있음에 감사해한다. 또한 재즈는 사람들로 하여금 가식과 허울을 벗겨내는 힘이 있다. 영화 〈화성침공〉에서 외계인을 물리친 힘은 핵무기도 아니고 스텔스 전투기도 아닌 노래 한 곡이 아니었던가. 만약에, 만약에 말이다. 냇킹콜의 〈Let there be love〉를 인공위성을 통해 전 세계에 울려 퍼지게 한다면, 분쟁과 반목 그리고 전쟁으로 덮인 지구촌에 화해와 평화가 찾아오지 않을까?

창가를 타고 내리던 빗줄기가 그친다. 현실로 돌아갈 시간이다.

마실길 2, 3코스

새만금 방파제를 달린다. 어제 내린 비 때문인지 청아한 햇살이 따사롭다. 시계가 좋아 수평선 너머로 넘어가는 배들까지 보인다. 그에 반해 방파제는 달려도 달려도 끝이 보이지 않는다. 인간이 자연에 대항해 건설한 거대한 공사였다. 순리를 따르지 않고 자연에 당당히 맞서고 개척하는 도전 정신은 좋을지 모른다. 하지만 생태계 훼손 또는 파괴에서 오는 부작용을 감당할 만큼의 내공은 부재한 게 인간들의 삶이다. 이는 4대강 공사에서 여실히 증명해 주고 있다. 22조를 쏟아부었지만 총체적 부실로 판명이 나 강과 사람이 아파하고 있는 안타까운 현실에 직면해 있지 않은가. 100년도 못 살 운명이면서도 바둥바둥 살아갈 수밖에 없는 우리네 숙명, 애통할지어다!

▲ 흑백에 겁 없이 뛰어든 초록

▲ 바다를 걷는 여행자

▲ 갯벌 주름

변산 마실길은 새만금 방파제가 끝나는 변산 해수욕장에서 시작된다. 가끔 여행하기 전 '느낌'이란 것을 감지할 때가 있다. 마실길이라는 단어가 주는 포근한 느낌이 그러하다. 해변에 꽂혀 있는 십자가 모양의 이정표에서 그런 느낌이 묻어난다. 오늘 여행이 멋질 것이라는 긍정의 힘이 '마실길'이라는 단어에서 읽히고 있는 것이다. 사실 마실길은 변산반도 국립공원을 휘감아 도는 옛길로, 과거에는 해안선을 지키는 군인들이 다니던 참호 같은 길을 개발한 것이다. 특이한 것은 이곳 마실길에는 제주도의 '올레길'과 지리산의 '둘레길'이 공존한다는 것이다. 마실길 2구간인 절벽 길을 따라 해안선을 걸을 때는 제주도 7코스인 외돌개를 걷는 것 같고, 3코스인 대나무 숲과 언덕을 걸을 때는 지리산 17코스 감나무 밭 언덕을 걷는 기분이 든다. 한 번의 여행으로 두 가지를 취할 수 있으니 금상첨화가 아니겠는가.

▲ 대나무 숲을 지나는 일말의 여행자들

▲ 죽림 곁으로 난 길

　사망마을에서 고사포 해변으로 가는 언덕길에서 출발 전부터 느꼈던
뭔가가 내 안에서 터져 나왔다. 서해에 대한 고정관념이 깡그리 무너져
버린 것이다. 좌뇌에 박혀 있던 서해에 대한 생각은 조수간만의 차가 커
서 대부분 갯벌이 넓게 퍼져 있는 모습이었다. 또한 황톳빛 바다의 조용
한 기운이 사람들을 차분해지게 만드는 것이기도 했다. 그런데 이곳 바다
에서는 들판을 뛰노는 야생마같이 통제할 수 없는 강한 힘이 느껴진다.
층을 이루며 내륙으로 다가오는 저돌적인 파도가 무척 생동감 있다. 마치
발리 옆 롬복섬을 여행할 때 봤던 그 야성의 파도와 흡사한 놈들이다. 빨
리 가라고 앞 파도의 어깨를 '처얼썩' 두드리는 소리와 허공에 메아리치
는 겨울바람의 '휘이잉' 하는 소리가 어우러져 멋진 하모니를 만들어낸
다. 이곳 변산의 서해는 살포시 떨어지는 일몰의 이미지가 아닌 역동적으
로 일어나는 일출의 분위기를 보여주고 있다.

▲ 해송과 바다를 끼고 걷는 길

고사포 해변에서 해산물 찌개에 밥 두 공기를 해치우고 소나무 숲길을 걷는다. 산림욕으로 디저트를 즐기는 건 색다른 감칠맛이다. 들숨과 날숨을 쉬어가며 가슴속 찌꺼기들을 내보내고 신선한 솔잎 향을 빈 가슴에 채운다. 바다 냄새를 맡으며, 뽀오얀 백사장을 보며, 소나무 숲을 걸을 수 있다는 건 축복이다. 잘 삭힌 홍어에 일 년이 지난 묵은김치와 금방 삶은 비곗덩어리 돼지고기를 한입에 털어 넣고 오물거리는 느낌이다. 그러고 보니 이곳 여행은 홍탁삼합이다.

찬란한 슬픔의 봄

해변도로를 따라 한참을 걸으니 적벽강이 드러난다. 적벽강과 채석강은 강이 아니라 바다의 기암으로 모두 중국에서 따온 이름이다. 적벽강은 소동파가 놀았다는 지명을 딴 것인데, 붉은색 바위층과 주변을 둘러싼 후박나무와 잘 어울려 장관을 만들어낸다. 그렇지만 이미 장엄한 서해의 매력에 빠진 사내는 바위 하나에 쉽게 맘을 주지 않는다. 적벽강 위로 오르면 수성당이 자리하고 있다.

수성당은 여덟 자매를 낳은 개양 할머니가 일곱은 팔도에 내보내고, 한 명하고만 같이 살았다는 전설이 깃든 언덕이다. 마을 주민들은 음력 정월 초사흘에 제사를 지내며 풍어와 무사고를 빌었다 한다. 쓸쓸히 빗질하는 늙은이는 속세의 삶을 초월해 보인다. 이곳 언덕에서 바라보는 바다는 작열하는 태양의 기세에 눌려 낮잠을 자는 듯 고요하기만 하다. 다만 은빛 물결만이 넘실거리며 눈을 시리게 한다. 벤치에 앉아 검버섯이 핀 바나나와 스니커즈 하나를 뱃속에 던져 넣고 또 다른 길을 나선다.

언덕 아래는 백합을 캐는 아낙네의 손길이 분주하다. 엑스맨의 손에나 어울릴 법한 긴 호미를 들고 갯벌을 살금살금 긁어내신다. 호미에 걸려 나오는 백합을 보고 있노라니, 갯벌은 바다의 논이라는 말을 실감케 한다.
"어머니, 이거 캐서 식당에서 요리하실 때 쓰시게요?"
"늙어서 식당도 못 하겠고, 심심하니 캐서 집에 가서 전이나 부쳐 먹을라고, 이게 입맛 없을 땐 최고라."
파전에 듬성듬성 얹어 부쳐진 백합전에 막걸리 한 사발. 상상만 해도 입가에 군침이 흐른다.

▲ 휘돌아가는 변산갯벌의 미(美)

격포해변 끝자락에 채석강의 위용이 드러난다. 채석강은 이태백이 강물에 비친 달빛이 너무 고와 달을 잡으려다가 빠져 죽었다는 강과 비슷하여 붙여진 이름이다. 어찌 보면 이태백도 물에 비친 자신의 모습이 너무 아름다워 자살한 나르키소스. 즉 나르시시즘에 빠진 시인이 아니었을까? 수만 권의 책을 층층이 쌓아놓은 듯한 바위들은 중생대 백악기대의 지층으로 세월의 무상한 흐름을 표시해 주고 있다. 밀물이 들어오는 바위

앞으로 파도가 높아진다. 절정에 달했던 해도 기운을 다해 바다로 떨어지기 시작한다. 떨어진 해는 옷을 갈아입고 몇 시간 후 다시 떠오를 것이다. 달덩이라는 이름으로.

봄이 겨울을 힘겹게 몰아내고 있어서인지 남도의 기운은 따뜻하다. 변산반도의 마실길은 영원히 잊지 못할 좋은 추억으로 남을 것이다. 바다와 산이 잘 어우러진 명품 길의 좋았던 느낌으로 말이다. 어찌 보면 이곳은 이미 봄이 오고 있는지도 모른다. 김영랑이 그토록 애타게 기다리던 찬란한 슬픔의 봄이.

▲ 채석강

▲ 채소밭 사이로 난 길 봄 마중

변산해수욕장   수성당   채석강

걷는 거리: 13Km   소요 기간: 4시간 30분

변산반도의 이국적인 해안 풍경과 바다와 잔잔한 해변길을 걷는 여행자의 참 모습 발견

가슴 뛰는 삶

전에 본 일이 없는 장소에 갈 때마다, 나는 그곳이 이미 알고 있는 장소들과 가능한 한 다르기를 희망한다. 여행자는 다양성을 찾기 마련이고, 가장 큰 차이를 느끼게 하는 것은 인간적인 요소일 것이다. 만일 사람들과 그들의 삶의 방식이 모든 곳에서 같다면, 한 장소에서 다른 장소로 움직일 필요가 없을 것이다.

- 폴 서루《여행자의 책》중

가슴 뛰는 삶

운동선수가 운동을 하지 않으면 몸이 근질거리듯, 나 또한 주말에 어디론가 떠나지 않으면 자폐증 환자처럼 안절부절못하게 된다. 언제부터인가 몸의 신체 환경이 그리 길들여졌으리라. 짓궂은 삶이 내게 힘든 시련을 가할 때는 허우적거리며 물에서 빠져나오기도 힘겨웠다. 물 밖으로 나와 잔디밭에서 한 줌 햇살을 마실 때 어떤 생각이 번개처럼 다가와 머리를 치고 떠났다. 마치 원효대사가 어두운 동굴에서 해골바가지에 든 물을 마신 후 깨우쳤듯이 말이다.

'언제, 어디서, 무엇을 하며 살든 가슴 뛰는 삶을 살자!'

그 가슴 뛰는 삶이 여행으로 귀결되는 데는 그리 많은 시간이 필요치 않았다. 월요일에 로또를 산 이들이 한 주를 행복한 기대감으로 살아가듯, 멋진 여행을 위해 한 주를 기다리는 설렘은 엄청난 엔도르핀을 유발케 한다. Blue Monday나 단조로운 주중의 일상도 두근거리는 설렘이 있기에 주중을 주말같이 살 수 있는 것이다.

'걷기 여행(Eco-Healing Tour)'은 불혹의 나이에 접어들며 만난 새로운 장르의 여행 패턴이다. 지친 영혼이 편안한 쉼터를 찾아 자연으로 찾아들며 그 속에서 힐링하며 자연과 하나가 되어 가는 과정을 즐기는 것이다. 눈으론 싱그러운 푸름을 담고, 코로는 피톤치드를 흡입하며, 입으론 도시에서 찌든 찌꺼기들을 배설한다. 거기에 고목을 스쳐가는 산들바람과 새들과 계곡물의 앙상블은 자연이 주는 보너스다.

마지막으로 여행을 통해 만나게 되는 인연도 소중하다. 게스트하우스에서 만나는 다양한 여행 친구들, 민박집에서 만난 순박한 주인장들과의 대화, 산과 바다에서 우연히 만난 이도 눈빛만 맞으면 절친한 동행이 된다. 뭔가 새로운 것을 하기 좋은 계절이다. 여행을 통해 직·간접적으로 만난 동행들과 태안 해변길을 걷는다. 가난한 여행자들이 가진 건 달랑 세 가지뿐이다. '설렘', '두근거림', 그리고 '가슴 뛰는 삶.'

새로운 만남

변산반도에서의 가슴 저미도록 시원한 겨울 바다는 신선한 충격을 안겨준다. 서해 바다에 대한 고루한 생각을 고쳐주게 된 계기가 되었다. 그 이후부터 서해의 또 다른 국립공원인 태안반도에 대한 짝사랑이 싹트기 시작했다.

▲ 태안반도를 걷는 길 여행자

봄이 오기 전까진 서해 바다와 사랑하다 봄이 오면 새로운 사랑을 찾아 동해로 떠날 것이다. 그리고 보면 사람이나 자연이나 영원한 사랑은 없는가 보다. 사랑하기에 헤어져야 한다는 어설픈 변명은 유치한 동일 수법이 아니던가. 어쨌거나 오늘 품을 녀석은 첫 구간인 '바라길'이다. 모래와 바람의 나라라 불리는 코스로 학암포에서 시작해 구례토 해변, 먼동 해변을 지나 신두리까지 이어지는 바닷길이다. 태안 국립공원에서는 이곳 바라길을 이렇게 묘사하고 있다.

> "바다의 고어인 '아라'에서 그 명칭이 유래된 바라길은 학암포~구례포~먼동~신두리로 이어지는 구간으로 싱그러운 바다 내음을 느낄 수 있는 코스입니다. 상큼한 산림 향에 빠져 걷다 보면 어느새 바라길 종점인 우리나라 최대의 해안사구인 신두리사구(천연기념물 제431호)에 도착하게 됩니다. 학암포, 구례포, 먼동으로 이어진 에메랄드빛 바다의 모습과 푸르른 곰솔림으로 이루어진 숲길, 바람과 모래가 만들어낸 멋진 해안사구의 모습까지 바라길의 다양한 매력에 흠뻑 빠져보시기 바랍니다."

예상대로 화려한 미사여구를 나열해 놓았다. 다른 건 몰라도 구간 이름만큼은 참 예쁘다. 자, 그럼 싱그러운 바다 내음과 상큼한 산림 향을 찾아 떠나가 보자. 이른 아침 도착한 태안 버스 터미널은 두 가지 모습이 중첩된다. 누군가는 떠나고, 어떤 이들은 도착한다. 여타 터미널처럼 떠남과 만남이 있어 묘한 분위기가 연출되는 터미널은 그런 사람들을 구경하기 딱 좋은 곳이다. 학암포까지는 마을버스를 타고 가야 하기에 정겨워 보이는 시골 버스에 다시 몸을 싣는다. 절반은 울긋불긋 복장의 여행객이고 절반은 수수한 복장의 마을 주민들이다. 버스를 가득 메웠던 사람들은 버스가 설 때마다 하나, 둘 내리더니 종착역에는 수수함은 온데간데없고 울긋불긋만 남는다.

겨울 바다를 걷다

해변 길 시작점에 아치형 이정표가 보인다. 북한산 둘레길에서 보던 낯익은 이정표다. 갈대로 덮인 사구습지를 지나니 바다가 내게로 온다. 말괄량이처럼 소리 한번 질러본다. 강한 바닷바람에 갈라져 파도 소리로 되돌아온다. 바다는 보는 것 자체만으로 사람을 행복하게 해 양볼에 미소 짓게 하는 마력이 있다. 바라길은 해변과 숲길을 번갈아 걷게 된다. 바다가

▲ 길의 시작

▲ 바라길 1코스 초입

싫증 날 만하면 숲으로 들었다가 다시 그리우면 해변으로 나와 걷는다. 높은 언덕은 없지만 산길엔 적당한 오르막도 있어 가쁜 숨을 쉬게도 한다. 일행 말마따나 걷기에 짭짤한 길이다.

▲ 산길과 바닷길을 함께 걷는 길

　먼동 해변에서 잠시 쉬기로 한다. 각자 가져온 간식을 들며 담소를 나누는 시간이다. 서로 가져온 과일과 빵을 나눠 먹으며 오랜 침묵 후의 즐거운 대화를 가진다. 고루한 주식, 경제, 자녀, 정치가 빠진 여행 얘기들은 맛깔스럽다. 허한 배를 채우고 배낭을 다시 멘다. 여기서 종착지인 신두리까지는 쉼 없이 걷는다. 신두리 해변이 시야에 들어왔을 때 외마디 비명이 나왔다.

　"와~~~."

　신두리 사구의 모래 언덕은 천연기념물로 지정될 정도로 넓고 광활하다. 사막에 와 있는 듯한 느낌이 든다. 예전 이집트를 여행할 때 긴 모래사막을 지나 파란 홍해를 봤을 때의 감격이 되살아난다. 당시 하얀 모래

▲ 서해를 걷는 사람들

에 지친 눈에 파란 바다는 최고의 선물이었다. 신두리 해변을 끝없이 걷는다. 되도록이면 바다를 껴안은 채 바싹 붙어서 걷는다. 밀려오는 파도를 피했다가 다시 바다로 들었다가 하는 모습은 영락없는 취객이다. 다행히 숨어 있던 해도 나와 은빛 물결을 넘실거리게 해 준다. 다소 식상한 바다 풍경에 모델이 될 만한 뭔가가 있으면 좋을 텐데 하던 찰나에 신기루처럼 뭔가가 나타났다.

말이 바다로 들어가고 있다. 갑자기 나타난 말이 바다로 진군한다. 뒤이은 또 다른 말과 마주하더니 바닷길을 힘차게 내달린다. 시오노 나나미의 두 번째 책인《로마인 이야기 2》에서 한니발이 말을 타고 적진을 누비던 모습이 연상된다. 역동적인 말의 모습을 보게 된 건 대단한 행운이다. 햇살을 받으며 해변을 달리는 적토마의 멋진 광경은 이번 여행의 완벽한 에필로그를 장식한다. 말 그대로 모래와 바람의 길이고, 바다와 숲길의 조화로운 길이었다. 새로움을 찾아 떠난 여행에서 신비로움을 만난 '바라길'이다.

▲ 바다를 달리는 말

▲ 동행

고개 들어 하늘을 보니 하얀 뭉게구름이 바다를 건너 수평선으로 넘어 간다. 귀향 본능을 일으키는 개와 늑대의 시간이다.

▲ 해변길 아침을 걷는다

○─────────────────────────────────○
학암포   신두리 해변

걷는 거리: 12Km   소요 기간: 3시간 40분
모래와 바람의 나라를 걸음. 신두리 해안 사구를 보는 것만으로도 감동적인 길

대장봉에서 바라보는
천상 절경

걷기는 환경 속에서 관계의 물리적 차원을 되살리고 자신의 존재에 대한 느낌을 일깨운다. 사물들과의 적절한 거리, 상황에 따른 유연성을 유지하게 해주고, 활기찬 명상에 빠져들게 해주고, 풍부한 감각적 경험을 자극한다. 걷기는 탁 트인 하늘 아래 '세상'이라는 거센 바람 속에서 자유롭게 즐기는 긴 여행이다.

– 다비드 르 브르통 《느리게 걷는 즐거움》 중

거리의 악사

여행 중 발견할 수 있는 특별한 별미가 있다. 예기치 않았던 장소와 시간을 문화 여행객으로 만들어주는 거리의 악사들이다. 동전 한 닢에 그 나라의 멋지고 특징적인 문화를 경험할 수 있다는 건 대단한 기쁨이자 축복이다. 그래서 거리의 악사를 만나면 자연스레 걸음을 멈추고 주저 없이 그들과 함께한다. 확실히 외국에는 Give & Take 문화가 잘 정립되어 있음을 거리의 악사에서도 찾아볼 수 있다. 그들은 구걸하는 게 아니라 자신들의 장기를 시민들에게 보여주며 정당한 관람료를 받는다. 그것이 생계일 수도 있고, 다른 여행지를 가기 위해 여비를 벌기 위함일 수도 있다. 가끔 인사동을 들를 때 상상을 해본다. 그곳에서도 거리의 악사들이 저마다의 장기를 가지고 길거리 공연을 한다면 인사동의 문화가 한층 더 매력적인 곳으로 바뀌지 않을까? 물론 지금도 간혹 외국인들이 공연을 하거나 대학로에서는 젊은이들이 공원에서 자신들의 실력을 뽐내고 있다. 이런 문화가 활성화되지 못하는 건 유교적인 수줍음과 팁 문화의 차이로 인한 괴리가 있다. 특히 거리의 악사들을 위해 모자 안이나 기타 박스 안에 천 원짜리 하나 던져주는 게 우리에겐 익숙하지 않다. 호프집 카운터에서 라이터를 하나 가져가도 고맙다는 인사를 하지 않고, 호텔이나 식당에서 도어맨이 차를 가져다줘도 팁 주는 것을 망설인다. 그러고 보니 나이트클럽이나 7080에서는 팁이 가장 모범적으로 활용되고 있는 곳이기도 하다.

해 질 녘 프라하에 도착한 후, 기차역에서 나와 시야에 들어온 카를교와 프라하성의 아름다움에 매료되어 카를교를 건널 때 만난 악사들. 동네 아저씨 같은 분들이 구수한 재즈를 연주하고 있는데, 분위기가 일몰하는 해와 너무나 잘 어울렸다. 때론 구슬프게, 때론 발랄하게 연주하는 옆집 아저씨들 덕에 며칠 동안 프라하는 나에게 로맨틱한 도시로 포지셔닝되었다. 파리의 에펠탑 아래서 집시 걸인을 피하다가 만난 안데스 악사들. 칠레에서 온 듯한 전통 복장으로 'El condor pasa'를 연주하는데 로스하이라스와 맞먹는 수준급 연주를 보여주었다. 태양의 신을 모셨던 잉카의 혼을 불러내는 그들의 공연은 한때 좋아했던 Cusco를 떠오르게 했다. Busker 하면 가장 먼저 떠오르는 곳이 에든버러성의 백파이프 연주자들이다. 스코틀랜드 에든버러성에서 내려올 때 골목 귀퉁이마다 킬트(Kilt-격자무늬 치마)를 입고 〈Amazing Grace〉를 연주하는 그들의 모습은 장엄하기까지 하다. 간혹 옆 바에서 나온 손님이 스카치위스키 한 잔을 건네며 'Cheers' 하는 모습이 너무나 정감을 불러일으킨다.

바르셀로나 람블라스 거리에 가득한 마임 마니아도 좋았고, 리버풀 캐번 클럽 앞에서 존 레논 복장을 하고 'Penny Lane'을 연주하는 친구도 좋았지만, 지금까지 가장 인상적인 Busker는 뉴욕 센트럴 파크에서 만난 두 명의 엔터테이너이다. 낙엽비가 내리는 늦가을 오후의 나른한 산책을 즐길 때 다리 밑에서의 묘한 만남이었다. 여성은 오페라 같은 노래를 특이한 무용과 함께 부르고, 앞쪽에서는 남성이 바이올린으로 감성을 끝까지 올려 분위기를 타고 있었다. 두 명의 바이올린 플레이어가 한 편의 오페

▲ 바이올린 연주 부부

라를 완벽히 소화해 내는 놀라움이 거기 있었다. 아치형의 다리가 소리를 감싸 안으며 극장 안에서 듣는 듯한 음향효과를 자아냈으며, 둘의 공연에는 그들의 혼이 담겨 있었다. 마치 글루미 선데이를 듣다가 자살해 버릴 것 같은 충동을 느낄 수 있음이었다. 당연히 이들에겐 역대 최대의 팁인 3달러와 가장 오랜 박수가 주어졌다.

좋은 장소에서 좋은 공연은 완벽한 커플이다. 인생은 작고 큰 위기의 연속선상이고 우리는 작은 행복에서 삶의 의미를 찾아간다. 아직은 팁과 박수 문화에 다소 인색한 문화에 살고 있다. 하지만 언젠가는 광화문 세종대왕 동상 앞에서 불편한 세상을 규탄하는 1인 시위자들이 아닌 거리의 악사들이 점령할 날을 기대해 본다. 서편제 같은 창도 좋을 것이고, 신명 나는 사물놀이도 좋을 것이다.

신선이 노닐던 섬, 선유도

섬 경치가 너무 아름다워 신선이 놀았다 해서 불리게 된 섬, 크고 작은 63개의 섬 중에서 가장 중심에 있는 섬, 자연이 창조해 낸 천혜의 풍경. 모두 선유도를 일컫는 수식어다. 아니 정확히 말하면 선유도를 둘러싼 16개의 유인도와 47개의 무인도 섬 군락을 말한다.

차량은 새만금 방조제를 지나 신시도에 이른다. 거대한 자연의 물결을 거슬러 사람의 힘으로 둑을 설치했다. 달려도 달려도 끝이 보이지 않는 방조제는 유한한 삶에 무한한 자연을 대조케 한다. 차는 무녀도를 지나 선유도를 거쳐 장자도에 이른다. 여기서부터 대장봉까지 트레킹 코스다. 대장봉에서 바라보는 주변 선유의 절경을 보기 위해 많은 이들이 이른 아침부터 몰려들었다.

▲ 선유도 숲속으로 사라지는 여행자

몇 번의 깔딱고개를 올라 마주하게 된 천하 절경! 그 어떤 감탄사로도 표현할 수 없는 고혹적인 풍경이다. 한동안 부동의 자세로 넋을 잃는다. 하늘을 노닐던 신선이 바다라는 바둑판에 섬섬히 바둑알을 던져 섬들을 만들었다. 그 바둑알들이 수평선에 가득하다. 자로 쭈우욱 그은 듯한 수평선으로 배들은 떨어지고 갈치가 푸드덕거리듯 은빛 물결은 햇살을 받아 영롱하다. 물 빠진 해수욕장은 작은 펄로 변하고 섬 사이로 노니는 배들은 종이배같이 둥둥 떠다닌다.

▲ 망주봉 연가

대장봉 정상에서는 족히 반나절은 풍경에 빠져 멍하니 시간을 보내도 좋다. 가져온 딸기 하나 입으로 던져 넣고 풍경 하나, 물 한 모금 하고 다시 풍경 둘. 봐도 봐도 질리지 않는다. 등산객들의 술판에 밀려 하산하는 길도 재미가 쏠쏠하다. 고도가 낮아지며 달리 보이는 고군산군도의 매력에 흠뻑 빠져든다.

▲ 대장봉 정상에 서다

▲ 대장봉을 바라보며

▲ 고군산군도를 가야 할 이유를 말해 주는 풍경

    군산에서는 총 172km의 구불길을 조성했다. 구부러지고 수풀이 우거진 길을 여유, 자유, 풍요를 느끼며 오랫동안 머무르고 싶은 이야기가 있는 길을 뜻한다. 전라북도 천년을 걷는다는 의미로 '전북 천리길'이라 부르기도 한다. 총 8개의 길로 나뉘는데 구불 8길이라 불리는 고군산길은 총거리가 36km로 8~9시간이 걸리는 긴 코스다. 하지만 장자도-대장도(대장봉)-선유도 해수욕장-선유도(대봉전망대)로 걷는 코스를 추천한다. 3~4시간이 소요되는 알찬 트레킹 코스다.

▲ 구불길 이정표

　절대 풍경을 뒤로하고 군산 시내로 향한다. 오랜만에 왔으니 근대화거리에 들러 고즈넉한 옛 풍경들로 과거로의 시간여행도 떠나고, 초원 사진관에서 '8월의 크리스마스' 추억도 되새긴다. 경암동 철길 마을에서 달고나 하나 먹어도 좋을 거다. 옛 근대화 가옥을 개조한 게스트 하우스 옥상에서 서산으로 뉘엿뉘엿 떨어지는 일몰을 벗 삼아 와인 한 잔을 마신다. 그래, 여기가 군산이다!

▲ 경암동 철길 마을에서 추억 찾기

▲ 군산 명소 이성당 빵집

장자도   대장봉   선유도

걷는 거리: 12Km   소요 기간: 4시간

대장봉에서 바라보는 고군산 군도 비경을 보는 것만으로도 행복한 여행

지리산 둘레길 Best 3

지리산 둘레길 3코스
(인월–금계)

길에서 찾는 행복

지리산 둘레길 17코스
(오미–방광)

새로운 길

지리산 둘레길 21코스
(산동–주천)

시작과 끝을 걷다

지리산 둘레길 3코스(인월–금계)

길에서 찾는 행복

내 다리가 움직이기 시작하면 내 생각도 흐르기 시작한다.

– 헨리 데이비드 소로

다음 생엔 지리산에서 살겠네

다음 생엔 지리산 언저리 작은 마을에서 살겠네.

아침엔 뒷동산에 올라 운무에 가린 산허리를 무심히 바라보겠네. 하얀 운무 사이로 새빨간 단풍이 희끗희끗 머리 내미는 재롱을 보겠네. 황금빛 들판이 운무를 빨아들여 금빛 광야를 이루는 걸 볼 것이네. 텃밭에서 딴 고춧잎을 삶아 참기름에 볶고, 고추와 무 이파리를 씻어 상에 올리겠네. 거기에 장독대에서 된장 한 스푼 떠내 데친 콩잎을 넣고 구수한 된장국을 끓이겠네. 운무가 사라지는 장엄한 지리산 능선을 보며 황후의 오전찬을 들겠네.

다음 생엔 함양 지리산 깊은 산골짝에서 살겠네.

잘 볶은 에티오피아산 커피를 내려 시집 하나 들고 언덕 위 정자에 오르겠네. 적막해도 휴대폰 음악을 꺼두어도 좋을 것이네. 졸졸거리는 계곡물 소리, 짹짹거리며 손님 반기는 까치 소리, 턱턱거리며 호미로 김매는 소리, 감나무에 햇살이 바스락거리는 소릴 듣겠네. 팔베개하고 누우면 뭉실뭉실 구름 사이에 감춰진 푸른 하늘을 찾겠네. 스사삭거리는 가을바람에 풀이 누우면 마지막 남은 커피를 들이켜고 시집을 잡을 거네. 아침을 되새김하듯 한 줄 한 줄 곱씹으며 안단테로 읽을 거네.

다음 생엔 지리산 동강리 마을에서 살겠네.

오후엔 앞집 김씨네, 옆집 최씨네, 강 건너 오씨네를 돌며 말벗을 삼겠네. 서울 간 딸은 잘 사는지, 공무원 준비하는 막내아들은 합격했는지, 올해 쌀값은 얼마를 받을지 논할 거네. 그러다 오씨네서 금방 말아온 국수 한 그릇 내오면 막걸리 한 사발 곁들여 후루룩 마시겠네. 뒷짐 지고 둘레길 산책을 나갔다, 지나는 둘레꾼 있으면 아는 척하며 길 안내를 하겠네. 강가에서 물고기 잡는 꼬마 녀석들과 더불어 꺽지, 쏘가리를 잡으며 스쳐 지나는 세월도 잡을 거네.

다음 생엔 지리산 천왕봉에서 흘러내린 강물이 흐르는 엄천강 앞에 살 겠네.

해 넘어간 지리산에 붉은 노을이 넘실거리면 앞집 김씨, 옆집 최씨를 불러 바비큐를 할 거네. 읍내 정육점에서 산 지리산 흑돼지와 길 건너 양조장에서 한 말 받아온 막걸리로 파티를 할 거네. 숯불에 익어가는 흑돼지의 아비규환과 벌컥벌컥 들이켜는 막걸리 소리로 지리산의 밤을 채울 거네. 돌이킬 수 없는 과거와 불투명한 미래는 논외로 하고 현재를 최대한 즐길 걸세.

"우리가 살면 얼마를 더 살 것이며, 지팡이 짚고 여행할 순 없잖은가" 라며 염세주의에 빠져들 거네.

다음 생엔 쏟아지는 별에 가슴에 구멍이 송송 나는 지리산 하늘 아래 살겠네.

하나둘 떠나버린 마당에 누워 취기를 다스리겠네. 동주처럼 별 하나에 추억과, 별 하나에 사랑과, 별 하나에 쓸쓸함을 맛볼 것이네. 얼마 전 본

영화에서 주인공이 이런 말을 했었네.

"원대한 목표를 가진 항해자가 범선을 끌고 바다를 나섰다네. 매서운 파도와 까다로운 선원들에 지친 선장이 어렵게 항구를 발견하고 닻을 내렸지. 지친 육신과 정신에 휴식을 주며 하루, 이틀 보낸 게 어느덧 한 달을 넘어섰지. 두 달이 넘어가니 선장은 항해를 나섰던 본연의 목적을 잊어버리고 그 항구에 안주하며 정착해 버린 거지. 우리네 삶도 선장과 같지 않겠는가?"

그곳이 여기 지리산 아래가 아니겠는가? 하루하루가 새롭고 흥미로운 그곳. 반복되는 일상이 가슴 설레는 곳. 그곳이 지리산이네.

다음 생엔 지리산 언저리 작은 마을에서 살겠네.

▲ 성찰 거울

지리산에는 소리(聲)가 있다

함양에서 인월로 향하는 마을버스에 〈벚꽃엔딩〉이 울려 퍼진다. 계절은 봄을 지나 초여름을 향하건만 그리 싫지 않은 리듬이다. 창밖으로 스치는 풍경은 과거의 아스라한 추억을 되살린다. 지리산 둘레길 종주라는 목표를 정해서 매주 한 코스씩 걷던 그 기억들이 새록새록 떠오른다. 목표를 정하고 달성했을 때의 그 쾌감을 맛본 자는 알 것이다. 얼마나 달콤하고 매력적인지를. 해파랑길이라 불리는 동해안 길을 1년 동안 걷겠다는 다짐도 지리산 둘레길이 단초를 제공한 셈이다.

낯선 여행자를 버리고 버스는 백무동으로 향한다. 갑자기 불어온 산바람은 모자를 부여잡고 허름한 식당으로 들이밀게 만든다. 세 개밖에 안 되는 테이블에 주인장은 파리채를 들고 천장을 뚫어져라 쳐다보고 있다. 이미 떠난 파리에 대한 애수에 젖어 있나 보다. 구수한 청국장 냄새가 코끝을 스친다. 바로 전 둘레꾼이 배를 채우고 떠난 것이리라. 식당에 들어섰을 때 옆 테이블에서 먹고 있는 음식이 끌리는 법! 예상이라도 했듯 냉장고에서 청국장을 꺼내 뚝배기에 듬뿍 퍼 담는다. 청국장 끓는 냄새, 논두렁에서 볏짚 태우는 냄새, 초가집 아궁이에서 장작이 타들어 가며 밥 짓는 냄새, 아카시아 한 움큼 쥐어 코끝에 밀어 넣을 때의 상큼한 냄새를 사랑한다. 다른 건 몰라도 코는 확실히 촌놈이다.

전날 내린 소나기로 강물에 살이 붙었다. 졸졸거리던 녀석들이 콸콸거리며 신나게 달린다. 둑길을 걸을 때면 외갓집이 생각난다. 조카들과 반두를 들고 콧노래 부르며 냇가로 향하던 그 둑길. 양동이에 피라미를 가득 채우고 돌아오던 그 둑길에는 애틋한 향수가 있었다. 지금은 댐이 건설돼 흔적조차 찾을 수 없지만 이 둑길을 걷노라니 기억 저편에 있던 아련한 노스탤지어가 아른거린다. 저만치서 불어오는 산바람에 꽃들이 뒤섞여 날린다. 꽃비라 해야 할지, 꽃눈이라 해야 할지 모르지만 참 곱다.

　중군마을에 들어서며 마을을 만난다. 지리산 자락 마을에서 만나는 사람들은 모두가 따뜻한 마음의 소유자다. 말이 없으면 눈인사를, 인사말을 건네면 후한 안부를 전한다. 밭고랑 가는 허리 굽은 할머니는 잠시 일어나 손까지 흔들어 주신다. 삽으로 논물 대던 할아버지는 베네통 컬러로 치장한 둘레꾼들을 물끄러미 바라보신다. 밭고랑과 논두렁 사이에 아지랑이가 스멀스멀 피어오르며 귓가에 속삭인다. 팔랑이며 다가오는 오월의 소리를 들어보라고…….

▲ 등구재를 넘는 둘레꾼

지리산 둘레길에는 색(色)이 있다

마을을 지나 산허리에 드니 화려한 야생화가 반긴다. 자주와 푸름을 머금은 각시붓꽃과 핑크와 하양을 섞은 금낭화가 저마다의 고운 자태를 뽐낸다. 푸른 녹음만을 담던 눈망울에 화려한 빛깔이 더해지니 색에 취할 지경이다. 휘청거리며 고개 드니 연록 이파리 사이로 햇살이 갈라져 들어온다. 지리산의 푸름은 맑고 유순하다. 푸름에 둘러싸여 걷노라면 투석 환자처럼 새로운 피가 흘러들어 육신을 정화시켜 주는 것 같다. 편백나무에선 피톤치드를 연신 뿜어댄다. 배가 불러 숲길을 벗어나니 시원한 계곡이 반긴다. 참 반가운 놈이다. 검은 바위에 부딪친 새하얀 물살이 허공에 치솟았다 산산이 부서져 떨어진다. 예전에 없던 주막이 생겨 계곡에 마루를 깔아 놓았다. 참새가 방앗간을 만났다. 얼른 신발 벗고 마루에 좌상하고 계곡에 발을 담근다. 꽁꽁 언 아이스크림을 한입 힘껏 베어 문 것처럼 발을 때리는 계곡수는 현기증을 유발한다. 노란 주전자에서 흘러내린 아이보리 막걸리 한 사발 들이켜니 여기가 무릉도원이다.

지리산 둘레길 곳곳에는 나무로 만든 이정표가 있다. 한쪽엔 검은색 화살표가 반대쪽엔 빨간색 화살표가 새겨져 있다. 빨강은 순방향으로 걷고, 검정은 역방향으로 걸어감을 의미한다. 둘레꾼들은 보통 빨강을 따라 걷지만 일부는 반대로 걷기도 한다. 나 또한 둘레길 20개 코스 중 3개 코스는 검은색을 따라 걸었다. 영국에서 왼쪽 차선으로 운전하다가 한국에 들어와 오른쪽으로 운전할 때의 어색함이 오버랩 된다. 길고 지루한 오르

▲ 빨강은 정방향 검정은 역방향

막을 벗어나니 등줄기에 땀이 한 바가지다. 언덕에 기대어 초콜릿색 스니커즈와 연둣빛 청포도로 출출함을 달랜다. 산길을 걷거나 바닷길을 걸을 때 가장 사랑하는 친구들이다. 섬 여행에는 여기에 봄베이 진토닉 한 병이 추가된다. 나의 애정하는 벗들이여, 사랑한다!

배너미재를 넘으면 장항마을이 펼쳐진다. 이마에 흐르는 땀을 훔치며 낑낑거리며 오를 때에는 무상념이었다가 시원한 바람을 맞으며 내리막을 걸을 땐 눈에 보이는 모든 것들이 말을 걸어온다. 질서 정연하게 하늘로 뻗은 초록빛 전나무들의 위엄에 넋을 잃고, 울창한 대나무들이 실바람에 살랑일 때는 흰 도포를 두른 주윤발이 아른거린다. 산허리를 휘돌아 걷는 오솔길 바닥은 지난겨울 추락해 겹겹이 쌓인 낙엽들이 쿠션감을 살려준다. 알록달록한 자신을 죽여 둘레꾼을 위해 푹신한 길을 내준 검은 주검들.

지리산 둘레길 3구간에는 사람(人)이 있다

　매동마을을 지나 숙소가 있는 중황마을까지는 다소 지루한 오르막이 이어진다. 수통의 물은 바닥을 드러내고 발걸음은 무거워져 간다. 바위에 주저앉아 쉬는 횟수도 늘어나고 발바닥은 열로 화끈거린다. 그대로 드러누워 한두 시간 눈을 붙였으면 하다가도 어둠이 몰려오는 숲길을 생각하면 두려움에 발길을 재촉한다. 하얀 녹색 지붕 펜션이 시야에 들어오자 나도 모르게 '아~'라는 감탄사가 새어 나온다. 걷기 시작한 지 다섯 시간 만에 숙소에 도착한다. 멍멍거리는 개 소리의 환영사가 정겹다. 주인아주머니의 반가운 얼굴을 보니 군대 갔다 돌아온 아들을 반기는 듯하다. 산 꼭대기에 지은 아담한 펜션에서 바라보는 풍경은 가히 일품이다. 지난번 이곳에서 잠시 쉬어갈 때 다짐했었다. 다음엔 이곳에서 묵으며 지리산을 온몸으로 품겠노라고.

▲ 둘레길의 참맛은 족욕

저녁상이 차려졌다는 소식에 거실로 들어서니 상이 푸짐하다. 직접 기른 나물과 채소에 고기까지 준비해 놓으셨다. 맥주 한 잔 들이켜고 노르스름한 고기 한 점 상추에 싸 입속으로 던진다. 황홀한 이 느낌을 어찌 표현하리오. 잠시 후 주인아저씨도 합류한다. 어느 정도 포만감이 느껴지니 이야기꽃이 핀다. 도시에서 내려와 이곳에 정착하면서 지리산지기가 되었다 한다. 재밌는 건 수입은 철저하게 분리해서 운영한다. 예약금과 벌꿀 수입은 아저씨가, 잔금과 농산물 수입은 아주머니가 챙기신다. 예약금이 많지 않아 다음에 올 때는 예약금을 90% 넣으라는 아저씨의 익살에 아주머니는 기겁하신다. 얼큰해져 마당에 나오니 하늘에서 별이 쏟아진다. 세상의 별들을 다 모아 놓았다. 별들 사이로 하늘이 조금씩 보일 지경이다. 지리산의 밤은 그렇게 깊어만 간다.

▼ 지리산 길에서 만난 은하수

아침에 인사를 하고 나서려 하니 잠시 기다리라며 뭔가를 찾으시는 주인장 내외. 솔잎에서 추출한 엑기스로 만든 차와 벌들이 실어 나른 꽃 알을 내오신다. 배낭을 메고 길을 나선다. 가끔씩 뒤돌아볼 때마다 손을 흔들고 계신다. 찰나의 정에 아쉬워하는 따뜻한 사람들. 지친 영혼에 새로운 활력을 주는 건 자연과 사람임을 지리산은 말한다.

▲ 자연으로 돌아가는 길

지리산 둘레길에서 소리를 듣고, 색을 보며, 사람을 만났다. 소박한 삶의 일부를 공유하고 뒤돌아본 소중한 여행이었다. 지리산은 내게 가르친다. 더 많이 듣고, 더 많이 보며, 더 많이 사랑하라고⋯⋯.

구인월교　　　　　　　　　　　　　　　　　　　　　금계마을

걷는 거리: 20.5Km　　　소요 기간: 8시간
옛 고갯길을 따라 지리산 주 능선을 조망하고, 다랑논과 6개의 마을을 지나는 멋진 길

지리산 둘레길 17코스(오미-방광)

새로운 길

행복을 찾는 일이 우리 삶을 지배한다면, 여행은 그 일의 역동성을
그 열의에서부터 역설에 이르기까지 그 어떤 활동보다 풍부하게 드러내 준다. 여행
은 비록 모호한 방식이기는 하지만, 일과 생존 투쟁의 제약을 받지 않는 삶이 어떤
것인가를 보여준다.

- 알랭 드 보통 《여행의 기술》 중

Manhattan!

처음 먹어본 칵테일이다. 버번위스키와 스위트 머무쓰의 쌉싸래함에 앙고스트라 비터가 더해진 칵테일의 여왕이다. 이 칵테일이 왜 그리 맛있었는지 오로지 맨해튼만 찾는다.

배승근 씨의 칵테일 책에 의하면 맨해튼에 대해서 이렇게 설명한다.
"칵테일의 여왕이라 불리는 맨해튼은 마티니와 더불어 대표적인 칵테일로 유명하다. 인디언 알콘 말로 '고주망태' 또는 '주정뱅이'라는 뜻을 지니게 되었으며 1876년에 영국의 전 수상 처칠 경의 어머니 제니 젤롬 여사가 맨해튼 클럽에서 만들었다는 학설과 맨해튼시가 메트로폴리탄으로 승격한 것을 축하하는 뜻으로 1890년 맨해튼의 한 바에서 만들었다는 2가지 학설이 있다"라고 한다.

칵테일의 매력에 시나브로 빠져든다. 마침 강남에서 칵테일 아카데미를 한다기에 제대로 배워보고자 참여한다. 함께 배우는 친구들은 단순히 칵테일만 배우는 게 아니라 "조주기능사"라는 칵테일 자격증을 따기 위해 다닌다는 걸 알았다. 은근히 욕심이 생긴다. 그 친구들은 이미 필기에 합격한 후 실기시험을 위해 열심히 셰이커를 흔들어대고 있다.

'어! 이런 시험이 있었나?' 하던 마음이 시간의 흐름에 따라 '나도 한번 도전해 볼까?'로 바뀐다. 쇼윈도에서 구매로 이어지는 충동구매가 이러

할지다. 칵테일 아카데미가 끝나자마자 필기 관련 책을 구입한다. 산업인력공단에 응시하고 근처에서 바로 시험을 본다. 필기는 예전 벼락치기 노하우가 살아 있어 무사히 합격이다.

문제는 실기시험. 일과 후에 틈틈이 연습을 하기 시작한다. 우선 재료를 준비하고 배운 대로 하나씩 만들어간다. 집에서 독학으로 칵테일을 만드는 것과 아카데미에서 배운 방식, 또는 시험용 칵테일 제조 방법에는 많은 차이가 있다. 차라리 무에서 시작했으면 한 가지만 익히면 되는데 기존 방식을 버리고 시험용 주조법을 하다 보니 혼란만 가중된다. 그 갭을 줄여나간 건 "Practice makes perfect"라는 명언. 연습만이 완벽함을 만들 수 있다는 신념으로 열심히 셰이커를 흔든다.

드디어 시험 날짜가 다가왔다. 인터넷으로 응모하는데 타이밍을 놓쳐 산업인력공단이 아닌 호서대학에서 시험을 치른다. 덴장, 가는 데만 2시간이 걸려 소중한 체력을 낭비하고 만다. 40명이 대기실에서 긴장을 한 바가지씩 마시고 있다. 대략 보니 내가 최연장자다. 대부분 학생들이고 몇몇은 바와 관련된 비즈니스를 하고 있는 듯하다. 시험관이 대기실로 와 조언을 해 준다. 앞에 몇 분이 못 만들고 멍청히 서 있는데 그러지 마시고 다음을 기약하고 과감히 나가라는 조언(?)이다. 이건 조언이 아니라 협박처럼 들렸고, 다들 긴장감을 한 바가지씩 더 뒤집어쓴다. 50개 칵테일 중 랜덤으로 3개가 정해지면 7분 안에 모두 만들어야 한다. 덴장, 벌써 몇 개 복잡한 칵테일 레시피가 숙취에서 막 깨어난 취객처럼 좌뇌에서 가물거린다.

순번이 왔다. 시험장에 들어가 시험관들께 인사하고 자리에 위치한다. 눈앞이 깜깜하다. 생전 처음 보는 병들이 왜 이리 많은지……. 칠판에 3가지 칵테일이 쓰이고 시계 침은 째깍거리기 시작한다.

"Cuba Libre, Stinger, Angel's Kiss."

덴장, 젤 싫어하는 엔젤스키스가 나왔다. 쿠바 리브레를 먼저 만들고 스팅어를 만드는데 크림드 카카오(화이트) 병이 보이질 않는다. 왼쪽 이마에서 하얀 물방울이 흘러내리고 시계의 째깍거리는 소리가 증기 기관차 기적 소리만 하게 들려온다. 가까스로 마무리하고 마지막 엔젤스키스 차례다. 술끼리 서로 섞이지 않는 게 핵심인데 바스푼으로 술을 떨어트리는 내내 왼손이 떨린다. 마치 지진계측기가 지진파를 감지해 아래위로 요란하게 흔들리듯 떨려 결국에는 슬로진과 브랜디가 하나로 합쳐져 버린다. 오른쪽 이마에서 비가 오기 시작한다. 눈으로 들어간 비가 결국에는 눈망울을 머금고 테이블 위로 한두 방울씩 떨어지기 시작한다. 시간이 얼마 남지 않았다. 체리로 마지막 가니쉬를 하고 세 분 심사위원을 보니 애처로운 표정으로 날 주시하고 있다. 참 한심했던 모양이다. 멋쩍은 미소로 받아치고 양 이마에 흐르던 빗줄기를 리넨으로 닦아낸다. 심사위원들의 수고했다는 말을 듣고 나오는데 그쳤던 비가 등줄기에서 다시 내린다.

'아! 이대로 떨어지는 건가?' 무거운 발걸음을 돌려 집으로 돌아오며 다짐한다. 다음에는 좀 더 프로페셔널 하게 합격하겠다는 각오로 주먹을 불끈 쥔다.

3주가 흘러 시청에 지인을 만나러 가는데 왼쪽 바지춤에서 누가 흔들어댄다. 문자가 왔다.

"크리스 님의 조주기능사 실기 합격을 축하드립니다."

야호!!! 떨어진 줄만 알았는데 뜻밖의 낭보에 지인과의 점심값은 내 주머니에서 나가고 만다. 며칠 후 자격증이 우편으로 날아왔다. 종합 점수에서 턱걸이로 합격한 모양이다. 아니면 심사위원들께 보낸 멋쩍은 미소가 동정표를 유발했는지도 모르겠다. 까만 자격증 속에서 헤벌쭉 웃고 있는 친구에게 행복한 미소로 칭찬해 준다.

"수고했다."

새로운 길

구례구역은 구례로 입성하는 길목에 위치해 있다. 다리 하나만 건너면 구례다. 그래서 지명인 구례(求禮)에 입구(口)가 더해져 구례구(求禮口)역이라 불린다. 행정학적으론 순천 지역에 속하지만 역 앞 식당도 구례 주민이 운영하고 택시도 구례 택시다. 성삼재와 노고단을 통해 천왕봉을 오르는 이나 화엄사를 통해 직선으로 지리산 정상을 탐하는 자들은 이 역을 거쳐 간다. 구례에는 걷기 좋은 지리산 둘레길도 3코스나 있다. 지리산 허리를 휘돌아 걷는 참맛을 맛볼 수 있는 길이다. 오늘 탐할 녀석은 오미에서 방광까지 이어지는 17코스로 감나무 밭이 많아 가을날 걷기 좋다.

구간 출발점인 운조루로 향한다. 택시 차창으로 불어오는 가을바람이 따뜻하고 포근하다. 저 멀리 노고단 정상에는 빨간 단풍들로 산이 불타고 있다. 불길은 순식간에 하류로 이동 중이고 일주일 후면 온 산 전체가 만산홍엽(滿山紅葉)으로 변할 거다. 운조루는 목가적이고 전원적이다. 느리게 살라는 선인들의 지혜가 묻어나는 고택이다. 마침 주인장이 금방 딴 감을 손질하다가 먹어보라며 건넨다. 아삭거리며 한 입 베어 무니 가을이 입안 한가득 찬다. 주인장께 인사를 건네고 나오니 황금들판에 주홍빛 코스모스가 하늘거린다. 금빛 넘실대는 들판에 겁 없이 침범한 진보라 코스모스, 거기에 파란 하늘빛이 더해져 절정의 가을날을 만든다. 잠시 정자에 목 베개 받치고 누워 망상에 젖어든다. 지난날 걸었던 이 길에 대한 회상이 풀을 눕히는 가을바람처럼 살포시 다가온다.

▲ 고택 운조루 뒷마당 대밭

▲ 가을 들판에 핀 코스모스

산길로 들어설 즈음 호수에 비친 가을볕이 한 폭의 수채화를 그려낸다. 산자락엔 온통 감나무 밭이다. 이웃 마을로 시집가는 앳된 신부의 엷은 연지, 곤지 같은 감들이 지천에 널렸다. 그 탐스러운 자태가 욕망을 자극한다. 땡감 무리들 사이에서 영롱하게 빛나는 홍시 하나. 울컥하는 충동을 자제하고 다음 산자락으로 넘어간다. 주민 몇이서 긴 작대기를 비틀어 감 따기에 열중이다. 연신 카메라 셔터를 눌러대니 뭔가 신기해하다가 이리 오라는 손짓을 보낸다. 인사 한마디에 단감 한 봉지를 받는다. 올해는 홍작이라 크기가 작다며 되려 미안해하신다. 풀밭에 걸터앉아 먹음직한 한 놈 깎아 입안에 넣어 본다. 달콤하고 상큼한 맛이 뒤섞여 넘어간다. 갈 길이 멀다는 핑계로 몇 놈 덜어내고 배낭에 집어넣고 길을 나선다. 농부의 선한 표정이 계속 뒤통수를 응시한다.

▲ 가을 들판에 끼어든 홍시

이후로도 감 선물(?)은 계속된다. 옆에 택배회사라도 있었으면 벌써 몇 박스 포장해서 보냈을 거다. 배낭 속 초콜릿으로 감사한 마음을 대신하기도 하지만 대부분은 멋쩍은 눈인사로 농부의 인심을 교환한다. 고개를 돌아드니 마을이다. 상사마을엔 추수한 벼를 도로에 펼쳐 말리는 아낙의 손길이 바쁘다. 마을 길이라 차량이 많지 않아 탈곡기에 탈탈 털린 벼들이 길게 누워 있다. 벼를 골고루 말리는 모녀 뒤엔 삿갓을 한 동자가 돌비석처럼 앉아 있다. 살금살금 다가가 삿갓 올리니 놀란 자라 모양이다. 사탕 하나와 사진 한 컷을 교환하고 뒤돌아보니 다시 그 자세 그대로다. 참 귀여운 녀석이다.

한참을 걸었을까? 산속에서 계곡물 소리가 들린다. 화엄계곡에 인접했다는 신호다. 어느덧 화려했던 가을빛은 서산으로 넘어가고 스산한 어둠이 대지에 깔린다. 예약했던 숙소에 짐을 풀고 허기를 채우러 나선다. 숙소 주인장이 추천한 산채비빔밥과 핑크빛 산수유 막걸리 한 사발 들이켠다. 예전의 화려했던 분위기는 온데간데없고 을씨년스러운 마을 풍경만이 남았다. 한때는 이곳엔 나이트가 있고 콘도에 인파가 몰리던 곳이었다. 화엄사라는 유명한 사찰과 시원한 계곡, 거기에 구례의 푸근한 시골 풍경이 더해져 관광객들의 발길이 끊이지 않았다. 정보의 홍수와 관광지의 다양화가 이뤄지며 사람들의 기억 속에 서서히 사라지기 시작했다. 다행히 화엄사를 찾는 여행객이 늘기 시작했다. 나 같은 지리산 둘레꾼도 한 몫을 했다. 마을을 한 바퀴 돌다가 독특한 간판이 발길을 잡아끈다.

▲ 하늘을 가리는 화엄사 처마

▲ 화엄사 스님의 짐보따리

수제 피자와 수제 맥줏집! 이런 곳에 수제 맥주와 직접 만든 피자를 굽는 오븐 화덕이 있는 집이라니. 믿기지 않는 마음으로 문을 열고 들어서니 아담한 가게에 주인장이 화덕에서 피자를 꺼내고 있다. 손님은 싱가포르에서 온 여성 손님 세 명과 낯선 여행자가 전부다. 주인장이 추천한 수제 맥주와 고르곤졸라 피자로 디저트를 즐긴다. 부산 출신으로 서울서 건축설계사 일을 하다 이곳에 정착했다 한다. 무겁고 텁텁한 IPA 맥주와 담백하고 고소한 피자는 잘 어울렸다. 지리산의 가을밤은 즐거운 대화와 맛난 음식의 포만감으로 깊어져 간다.

짹짹거리는 새소리에 눈을 뜨고 창문을 연다. 계곡에서 솟아오른 운무가 산허리를 감으며 춤추듯 흘러간다. 엷은 운무 사이로 힐끗힐끗 자태를 드러내는 빨간 단풍의 고운 자태는 고혹적이다. 여인에게 안긴 꽃다발 속 빨간 장미도 하얀 안개꽃이 있어 더 아름답듯 빨강으로 휘둘러 친 지리산 자락에도 슬금슬금 피어오른 운무가 있어 미(美)의 깊이를 더한다. 화엄사 길을 걷는 내내 가슴 터질 듯한 풍경과 함께한다. 화엄사 경내는 변함이 없다. 주위를 둘러싼 자연의 변화만 있을 뿐. 경내를 드나드는 스님의 가벼운 발걸음과 미풍에 살랑이는 풍경의 속삭임은 예전 그대로다.

▲ 화엄사 앞 실개천에 핀 단풍

▲ 종착지인 방광마을

방광마을에서 트레킹을 마무리한다. 지리산 둘레길은 내게 어떤 의미일까? 어쩌면 윤동주 시인의 시구가 정답일 게다.

"내를 건너서 숲으로, 고개를 넘어서 마을로, 나의 길은 언제나 새로운 길."

오미마을   방광마을

걷는 거리: 12.3Km   소요 기간: 5시간
전통 마을의 흔적이 많은 곳으로 고즈넉하고 아담한 풍경에 발걸음이 가벼워지는 길

시작과 끝을 걷다

"우리가 우리 안에 있는 것들 가운데 아주 작은 부분만을 경험할 수 있다면, 나머지는 어떻게 되는 걸까?"

- 파스칼 메르시어 〈리스본행 야간열차〉 중

리스본행 야간열차

단 한 번의 기적 같은 여행을 꿈꾸는, 아니 어쩌면 삶의 일탈을 갈망하는 그레고리우스(제레미 아이언스)는 리스본행 야간열차를 타게 된다. 빨간 레인코트를 입은 여인에게서 우연히 얻게 된 기차표는 그를 다른 세상으로 인도하게 된다. 리스본! 그 얼마나 낭만적이며 아름다운 도시였던가. 도시 전체가 영화 세트장같이 유서 깊은 곳이다. 이곳에서 그레고리우스는 혁명을 꿈꾸던 열정적인 청년, 프라두(잭 휴스턴)의 삶을 재조명하며 그의 흔적을 찾아간다. 파스칼 메르시어의 동명 소설을 스크린으로 옮긴 영화 〈리스본행 야간열차〉의 인트로 부분이다.

때는 1975년 포르투갈에서 카네이션 혁명이 시작되던 시절이다. 40년간 이어진 독재정권에 맞서 혁명을 꿈꾸던 젊은이들이 사랑과 우정, 그리고 삶의 궁극적 목적을 깨달아가는 여정을 그레고리우스의 눈을 통해 보여준다. 독재정권하에서 자유를 갈망하던 젊은이들의 모습은 우리 80년대의 자화상일지도 모른다. 비밀리에 동지들을 모으고, 교육하며, 비밀유지를 위해 온갖 아이디어를 짜내야 했던 그 암담했던 시절 말이다. 포르투갈의 카네이션 혁명에 동원된 암기 천재 스테파니아와 프라두의 운명적인 만남은 전생에 예정되었던 일이었다. 불꽃 같은 사랑을 안고 스페인 국경을 넘지만 스테파니아는 프라두가 꿈꾸는 삶을 같이 걸어갈 용기가 없다. 석양이 지는 차 안에서 사랑하기에 헤어져야 한다는 말을 들은 프라두의 표정은 너무나 절망적이고 리얼해서 지금까지도 생생하게 기억된다.

프라두는 그 후 방랑생활을 하며 책 한 권을 남기고 불치병으로 세상을 떠난다. 그 길고 아팠던 여정을 현재의 그레고리우스가 더듬어 찾아가는 것이다. 그 회고의 길을 동행해 주는 여인이 마리아나다. 개인적으로 프라두가 사랑했던 스테파니아보다 잔잔한 분위기의 이 배우가 더 좋다. 세월이 흘러가며 좋아하는 여인상도 바뀌는가 보다. 제레미 아이언스의 중후한 연기는 이 영화에서 빛을 발한다. 어딘가 절제되면서도 담백한 표현력은 그의 트레이드마크다. 나도 나이 들면 저렇게 곱게(?) 늙어야겠다고 생각하는 모델이기도 하다. 관객을 흡입력 있게 끌어들이는 스토리 전개, 포르투갈과 스페인의 아름다운 풍경들, 거기에 자연스러운 배우들의 연기가 더해 멋진 영화 한 편을 만들어냈다. 당신도 어디론가 떠나고 싶다면 리스본행 야간열차를 타보라!

두 연인의 생을 찾아 과거의 기억으로 거슬러 올라가는 그레고리우스 옆엔 마리아나가 같이한다. 낯선 리스본에서 만나 Like에서 Love로 감정이 전이되는 찰나에 그레고리우스는 리스본을 떠나 베른으로 떠나게 된다. 그 기차역에서 둘은 마주하고 있다. 현실로 돌아가려는 그레고리우스에게 마리아나는 망설이며 이렇게 말한다. 결국 이 한마디에 현실로 돌아가기를 포기하는 제레미 아이언스!

"Why don't you just stay?"

둘레길의 마지막을 걷다

개구리가 잠에서 깨던 날 걷기 시작해 진달래가 지고 철쭉이 고운 자태를 뽐낼 때 둘레길의 마지막을 걸었다. 이곳 산동-주천 마지막 구간을 걸을 때의 감동은 대단했다. 새로운 뭔가를 시작해 목적을 달성했다는 성취감과 자신감도 컸지만, 마을과 산, 산과 사람, 그리고 사람과 자연을 이어주는 지리산의 위대함을 품을 수 있어 의미가 더했다. 마지막 결승점의 테이프를 끊는 마라톤 선수처럼 그 클라이맥스를 다시 느껴보기 위해 또 한 번 이 길을 걷는다.

▲ 지리산 둘레길 19코스

▲ 둘레길에서 만난 개양귀비

빨강을 벗어나니 노랑이 시작된다. 오솔길에 흩뿌려진 은행잎들은 이마에 송골송골 땀이 맺힌 트레커들을 축복해 주고 있다. 도시에서 보던 것보다 짙음이 강해 함부로 밟기가 미안할 정도로 색이 곱고 예쁘다. 몇놈을 골라 시집 사이사이에 꽂아 누군가에게 선물하면 좋겠다. 은행잎으로 뒤덮인 노란 돌계단에 올라서니 편백나무에서 뿜어대는 피톤치드가 호흡을 멎게 할 정도로 강하게 와 닿는다. 하늘을 향해 곧게 뻗은 편백나무들의 기개가 당당하다. 피톤치드(Phytoncide)는 식물이 곰팡이나 해충에 맞서기 위해 뿜어내는 자연 물질이다. 특히 이곳 편백나무 숲에는 스트레스와 정신건강에 도움이 되는 피톤치드가 강해 산림욕을 하며 오염된 머릿속을 맑게 정화할 수 있다. 여름이라면 숲속 평상에 누워 오침이라도 즐기면 새로이 태어난 자신을 발견할 수 있다.

▲ 편백나무 숲 힐링 길

▲ 은행잎 길 걷기

지난번 밤재를 오를 땐, 작열하는 태양과 맞서 싸워야 했다. 죄 없는 물통만 빨아대며 힘겹게 올랐던 기억이 있다. 그에 비해 지금은 수월하게 오른다. 구름이 해를 막아주기도 했지만 서늘한 산바람이 불어서 주변 경치를 감상하며 여유롭게 오른다. 정상에 올라 휴게소에서 산 감자떡과 홍차 한 잔을 마신다. 보온병에 담아온 홍차 맛이 그대로 살아 있어 가슴을 따뜻하게 해 준다. 따뜻한 차 한잔 들고 우람한 지리산맥을 바라보는 것도 가히 나쁘지 않다. 변화무쌍한 자연은 행복한 기분을 오랫동안 향유치 못하게 한다. 오후 늦게나 온다던 불청객이 주룩주룩 내리기 시작한다. 지난번엔 태양과 싸웠거늘, 이번엔 비와의 싸움이다. 판초 우의를 뒤집어 쓰고 서둘러 하산길로 접어든다.

주천에 가까워질수록 노랑 물결이 넘실거린다. 감 밭에서 어른 주먹만 한 감을 따는 농부들의 손길이 분주하다. 빗물에 젖은 채 바구니에 담긴 노란 감들이 먹음직스럽다. 이전 구간은 감나무 밭을 거닐며 감 밭 주인인 양 행복해하던 기억이 새롭다. 주인장이 옆 나무에서 덥석 따 주신 감을 와작와작 씹으며 개구쟁이처럼 좋아하며 걸었었다. 하여간 지리산은 감과 참 인연이 많은 곳이다.

▲ 감나무 밭 사잇길을 걸으며

▲ 지리산의 가을 수확

'전설의 고향'에서나 나올 법한 으스스한 사당이 있는 곳에서 잠시 비를 피한다. 처마에 맺힌 빗방울이 뒤에서 흐르는 빗물에 밀려 하염없이 떨어지기를 반복한다. 색이 바랜 효자비와 앙상한 느티나무는 분위기를 더욱 스산하게 몰아간다. 등줄기에 흐르던 땀방울이 식으니 한기까지 느껴진다. 때마침 빗줄기가 가늘어지기에 으스스한 폐가 분위기에서 서둘러 벗어난다. 부엉데미를 지나니 왕궁마을이 시야에 들어온다. 이곳 또한 산수유가 마을을 보듬고 있는 곳이다. 마을 어귀마다 빨간 산수유 열매가 대롱대롱 가득하다. 빗물에 젖은 빨간 산수유의 자태는 샤워를 끝낸 여인의 머릿결처럼 고혹적이다.

주천마을에 도착하니 비가 완전히 멎는다. 지리산 둘레길 1구간이 시작된다는 표지 앞으로 달려간다. 그랬다. 둘레길을 완주했을 때도 이곳으로 달려와 끝인지 시작인지 모를 묘한 감정에 사로잡혀 멍하니 서 있었다. 마지막과 시작을 모두 만났으니 하루에 둘레길을 다 걸은 셈이다. 걷는 내내 빨강(산수유 열매)과 노랑(감과 은행잎)이 함께했다. 중간에 만났던 초록(편백나무 숲)도 빼면 서운해할 것이다. 무지갯빛을 모두 섞으면 흰빛이 된다는데, 빨강, 노랑, 초록을 섞으면 어떤 색이 나올까? 하나씩 만나면 좋았던 것들이 합쳐지면, 아마도 혼란한 세상 같은 어두운 색이 나오지 않을까?

이제 가을을 놔주고 새로운 겨울을 맞이할 때다. 새로운 한 해를 준비할 때가 도래했다는 말이다. 검은 탐욕으로 가득한 세상을 새하얀 눈으로 덮으면 내 마음도 깨끗해질 것이다. 적어도 눈이 녹기 전까진.

산동면 사무소 ○────────────○ 주천(1코스 시작점)

걷는 거리: 15.9Km   소요 기간: 7시간

편백나무 숲에서 피톤치드 무한 흡입. 산수유마을로 들어서면 지리산 둘레길 끝과 시작을 경험

오지 트레킹 Best 3

지리산 오지 트레킹

영동선 오지 트레킹

해인사 소리길

빨치산길과
서산대사길

낙동정맥 트레일

지친 영혼의 쉼터

빨치산길과 서산대사길

우리만의 수도원을 지읍시다. 신도 없고 악마도 없고 오직 자유로운 인간만 있는 수도원……. 당신은 문지기가 되세요, 조르바. 성 베드로처럼 문을 여닫는 큼직한 열쇠 하나 차고…….

- 카잔차키스 《그리스인 조르바》 중

지리산에 환생한 조르바

"여행하시오?" 그가 물었다. 나는 고개를 끄덕였다. "어디로? 하느님의 섭리만 믿고 가시오?"

"크레타로 가는 길입니다. 왜 묻습니까?"

"날 데려가시겠소?"

나는 주의 깊게 그를 뜯어보았다. 움푹 들어간 뺨, 튼튼한 턱, 튀어나온 광대뼈, 잿빛 고수머리에다 눈동자가 밝고 예리했다.

"샐비어 한잔 하시겠소?"

탄광 채굴에 나서는 감성 어린 문학도 대장과 호쾌하고 털털한 조르바, 그렇게 둘은 친구가 되어 크레타섬으로 향한다. 대장과 조르바는 크레타섬에서 탄광 일을 하면서 서로의 인생과 삶의 깊이를 알아간다. 간간이 등장하는 수도원승과 독특한 개성을 가진 마을 사람들은 거부할 수 없는 매력을 가진 조연들이다. 이 중 하이라이트는 금발의 오르탕스 부인! 바이올렛, 오드콜로뉴, 사향, 파촐리는 오르탕스 부인을 대표하는 부산물들이다. 넓은 잔디밭에서 조르바와 부인이 덩실덩실 춤추는 모습은 흑백 무성영화같이 재현된다.

대장과 조르바는 거대한 프로젝트를 구상하기에 이른다. 섬 꼭대기 탄광에서 저 아랫마을까지 석탄을 옮길 도르래를 만드는 것이다. 통나무를 뼈대로 해서 철탑을 연결하면 위에서 캔 석탄을 아래로 쉽게 내릴 수 있으리라는 계산이다. 손마디 굵은 조르바의 열성적인 노력과 샌님의 전폭적인 지원하에 철탑 도르래는 완성된다. 드디어 개통식 날이 다가왔다. 하지만 통나무 하나가 나사에 못 이겨 풀려나가며 도미노처럼 통나무들이 쓰러져 가는 모습을 지켜봐야 하는 두 친구!

대장은 조르바와 헤어지며 아쉬움을 토로한다.
"우리만의 수도원을 지읍시다. 신도 없고 악마도 없고 오직 자유로운 인간만 있는 수도원…… 당신은 문지기가 되세요, 조르바. 성 베드로처럼 문을 여닫는 큼직한 열쇠 하나 차고……."

그들은 크레타섬에서 탄광 일을 하면서 진실한 휴먼 유토피아를 경험했다. 그들은 거기에서 더 나아가 무위자연의 안빈낙도를 갈망했는지도 모른다. 그리스 크레타섬에 갈 기회가 생긴다면 조르바와 오르탕스 부인이 럼주를 들이키며 덩실덩실 춤추던 그 집에서 묵고 싶다. 운이 좋아 그들을 다시 만난다면 맨발로 같이 어깨를 들썩이리라.

지리산의 아픔

6·25를 전후해 민족상잔의 전쟁은 지리산을 쑥대밭으로 만들었다. 오직 천하지대본을 외치며 이마의 땀방울과 벼 수확은 비례한다며 논과 밭에서 허리 펼 줄 몰랐던 농민들이었다. 그들에게 내전은 재앙 그 자체로 뼛속 깊이 파고들었다. 형제와 친척, 그리고 이웃 주민들은 자기도 모

르게 어느새 적이 되어 버리기 일쑤였다. 머리에 총부리를 겨냥당한 채 낮에는 국군에게 식량을, 저녁에는 빨치산에게 먹을거리를 줘야만 했던 민초들의 아픔이 지리산에 스며 있다.

지리산의 한 자락인 함양, 산청에는 700여 명의 양민이 학살당한 채 대지에 묻혀 통곡하고 있다. 1951년 국군 11사단은 지리산 공비토벌 작전인 "견벽청야"라는 작전을 수행하면서 산청과 함양 마을에 있는 양민들을 무차별 학살하게 된다. 농민들은 이유도 모른 채 총칼에 하나둘 쓰러져 가야만 했다. 당시 마을 전체 주민이라야 고작 몇십 명 정도였을 텐데, 얼마나 많은 마을을 쑥대밭으로 만들었는지 짐작할 수 있다. 같은 동족에게 억울하면서도 비참하게 이슬로 사라져야 했던 농민들의 죄라면, 묵묵히 농사만 짓고 살아왔다는 것뿐.

그보다 가슴 아픈 건 연좌제란 죄목으로 학살당한 가족은 빨갱이라는 불명예를 안고 감시 속에서 음울하게 살아야 했다는 거다. 정부 공직은 꿈도 꾸지 못했고, 부모님 제사도 치르지 못했다. 그 당시 이유 없이 죽어간 양민들과 그 후손들의 가슴속에 남아 있는 건 '恨'이라는 단어 하나뿐이었다. 다행히 민주 정부가 들어서면서 명예 회복을 위해 추모 공원을 조성하게 되었다.

함양 아래 지리산 오지 자락에 빨치산 최후의 격전지 대성골이 있다. 하동에서 굽이굽이 계곡 길을 따라 오르면 지리산 빗점골과 대성골이 나

▲ 빨치산들의 마지막 저항선

온다. 당시 남부군 총사령관이었던 이현상의 아지트가 있었던 곳으로 마지막까지 처절한 전투를 벌였던 피의 계곡이다. 어머니의 산으로 불리는 지리산! 그 어머니의 가슴을 타고 동쪽 능선으로 흐르는 함양과 하동 곳곳에서 이념의 굴레에 옥죄어 사라져간 백성들의 혼이 널브러진 곳. 오늘, 그 길을 걷는다.

빨치산 루트 길은 크게 세 길로 나뉜다. '이현상 아지트 루트', '회남재 루트' 그리고 이번에 걸을 '최후 격전지 루트'다. 의신에서 시작해 대성골을 지나는 이 길은 지리산 정상을 탐하려는 마니아들이 자주 찾는 코스이기도 하다. 깊은 계곡으로 오르내리며 등줄기에 땀이 맺힐 즈음 대성골에 입성한다. 말이 마을이지 두 가구만이 오붓하게 살아간다. 지리산을 찾는 등산객들의 휴식처로 식사와 민박을 제공하며 생활하고 있다. 천하 절경 명당자리에 있다 보니 산채비빔밥 한 그릇 비우며 신선놀음하기 그만이다. 정성스레 따서 말리고 버무린 야채에 밥 한 그릇, 거기에 주인장이 직접 담근 동동주 한 사발 들이켜니 세상 부러울 게 없다.

좀 더 가면 세석평전이지만 다음 트레킹을 위해 하산길에 오른다. 이념의 굴레에서 이러지도 저러지도 못하며 살아온 민초들의 삶이 아로새겨진 길. 그 길을 걸으며 생각한다. 누군가의 말처럼 인생은 짧은 즐거움과 긴 괴로움의 연속이 아닐까 하는…….

의신 옛길 우중 산책

서산대사길이라 불리는 의신 옛길은 신흥마을과 의신마을을 잇는 옛길이다. 신흥사에 묵던 서산대사가 묵행하며 민초들을 만나러 다니던 길이다. 이 길 역시 지리산 자락에 있다 보니 백성들 간의 소통의 길이었고, 주민들이 생존을 위해 살아가는 삶의 길이었으며, 이념을 쟁취하기 위한 투쟁의 길이었다.

▲ 고행을 위해 걷던 길

서산대사는 이곳에 인접한 원통암에서 출가해 이름을 널리 알린 수행 자였다. 의신마을에서 아래로 이어지는 쌍계사, 칠불사, 의신사 등은 서 산대사의 불심을 백성들에게 전파한 불교문화의 중심지라 할 수 있다. 걷는 내내 졸졸거리는 계곡 소리를 듣는다. 푸른 옷으로 갈아입은 산하의 함초롬한 기운이 육신에 기를 불어넣는다. 상류 계곡이라 거대한 기암괴 석과 우람한 바위들이 저마다의 자태를 뽐낸다.

▲ 초록초록한 서산대사길

비 소식이 있어 조마조마하면서 걸었는데 이제야 빗방울이 낙엽을 때린다. 우비를 입고 우산을 받쳐 들고 산길을 걷는다. 지리산 둘레길을 걸으며 느꼈지만 지리산의 우중 트레킹은 포근한 낭만을 동반한다. 몸을 적신 낙엽을 밟고 지나는 폭신한 느낌도 좋고, 후두둑거리며 좌우에서 울려 퍼지는 빗방울의 합창도 귀를 즐겁게 한다. 저 멀리 영신봉과 삼신봉을 감싸며 흐르는 운무의 신비로움도 좋고, 앞다퉈 먼저 가려는 계곡물의 옥신각신함도 정겹다.

쇠점재를 지나고 감감바위를 지나 신흥마을에 입성한다. 그칠 것 같던 가랑비는 폭우로 무섭게 변신한다. 헌 봄을 씻어 내리고 새로운 여름을 입히려는 어머니 산의 목욕재계다. 비가 아니었다면 계곡물에 발을 담가 족욕도 즐기며 사색에 빠져도 좋을 것이다. 그늘진 계곡 바위에 누워 망중한을 누려도 좋을 것이고. 넉넉한 어머니가 보듬는 따뜻한 손길에 감싸여 한껏 어리광을 부려도 좋을 그런 길이고 산이다.

▲ 지리산 사진사

하산길은 쌍계사 십리벚꽃길로 향한다. 봄에 와서 꽃에 취했던 기억이 아스라이 되살아난다. 화개장터를 벗어나 섬진강을 달리는 버스 차창에 굵은 빗줄기가 서러운 눈물을 흘린다. 빨치산의 아픔과 섬진강의 서러움이 더하니 무거운 한(恨)으로 가슴에 응어리진다. 지리산이여, 섬진강이여, 서러워 말게나들. 속세의 하찮은 미물들은 아등바등하며 백 년도 못돼 한 줌 바람으로 사라지지 않는가. 그대들은 천년만년 희로애락을 함께하며 속세를 훤히 내려다보며 살지 않겠는가?

의신마을　　　　대성골　　　　의신마을　　　　신흥마을

걷는 거리: 9.6Km　　소요 기간: 5시간 20분
계곡을 곁에 끼고 걸으며 계곡이 뿜어내는 산수화 같은 매력에 빠져 듬.
그리고 지리산의 아픔을 걷는 길

낙동정맥 트레일

우리는 일상 속에 졸고 있는 감정을 일깨우기 위해 몇 가지의 희귀한 감각들을 체험해 보기 위해 여행을 한다. 우리들 마음속의 저 내면적인 충동질 하는 그런 감각들 말이다.

- 장 그르니에 〈섬〉 중

Kingdom of Heaven

부산 바닷길 여행을 다녀온 후의 나른한 주말이다. 허전한 가슴을 채
워 줄 무엇인가가 필요하다. 긴 시간을 투자해 〈킹덤 오브 헤븐〉을 다시
감상한다. 왠지 모를 공허함에 목이 멜 때 따뜻한 홍차 한 잔에 이런 유
의 영화 한 편이면 가슴이 상쾌해진다. 특히 리들리 스콧 감독의 작품들
은 깊이 있고 사고하게 하는 수작이 많다. 단순히 킬링타임(시간 때우기)용
이 아니라 역사와 전쟁을 통해 삶의 의미를 되묻는 작업이 항상 좋다. 그
의 영화 전반엔 휴머니즘이 잔잔하게 깔려 있다. 물론 슬럼프 때는 그답
지 않은 작품도 있었지만 〈델마와 루이스〉 이후 그는 CF로 다져진 아름
다운 영상과 그만의 특별한 카메라 무빙으로 명작들을 탄생시킨다. 〈글
래디에이터〉, 〈에일리언〉, 〈블레이드 러너〉, 〈블랙호크 다운〉, 〈로빈 후드〉
같은 작품이 대표적이다.

영화 보는 내내 예루살렘에 대한 기억들이 되살아난다. 한 달간 체류
하며 구석구석을 돌아다니던 시절이 있었다. 살라딘이 깨고 들어온 황금
의 문이나 시장 상인들이 많이 몰려 있는 다마스쿠스 게이트 주변의 풍
경들이 아직도 생생하다. 네 개의 종교가 공존하는 도시이자 성지로서의
상징성을 가진 도시. 오, 예루살렘이여!

그 당시 통곡의 벽에 소원을 적은 종이를 꼬깃꼬깃 끼워 넣을 때 인류
평화를 갈망했었다. 그런데 소망과는 달리 현실은 종교 전쟁(원유 전쟁)이

끊이질 않는다. 니체의 말처럼 신은 죽었나 보다. 이라크, 사우디, 아프가니스탄 그리고 이란으로 이어지는 21세기형 십자군 전쟁은 종착역 없이 달리는 폭주 기관차다. 세계 경찰이란 미명 아래 미국이 진행해 오던 폭주 기관차를 잠시 멈출지는 모르지만 먹을 게 많은 중동에서 눈을 떼는 게 쉽지는 않을 거다. 바티칸 교황이 과거 십자군 전쟁에 대해서 공식적으로 사과를 했다. 고무적인 현상이지만 먼 길을 향한 첫발을 내디딘 거다. 과거로 거슬러 가면 십자군 전쟁을 통해 마녀사냥 같은 학살이 자행됐고, 면죄부를 남발해 다른 종교를 불인정하고 정벌하기에 이른다. '하늘의 뜻'이라는 미명 아래 비종교적이고 비인간적인 일들은 끊임없이 자행됐다. 그리고 더 넓은 세계로의 확장과 그로 인한 부산물(황금, 노예 등)을 획득하기에 급급하기도 했다. 200년 동안이나 말이다.

다시 영화로 돌아오면, 이런 대작이 우리나라에서 실패한 원인을 몇 가지 찾아볼 수 있다. 기독교 입장에서 다소 불편한 내용에 대해 하느님의 힘이 작용했다는 우스갯소리도 있다. 가장 큰 이유는 상영시간 문제로 원작을 한 시간 이상 잘라버려서 완전히 다른 영화로 만들어버린 만행을 들 수 있다. 디렉터스 컷(사실은 원본이라고 명하는 게 맞을 거다)을 보지 않은 관객은 이야기 연결이 제대로 되지 않아 지루하고 난해한 영화로 치부돼버렸다. 후에 제대로 된 DVD가 나오면서 재평가되긴 했지만 지나간 버스에 손 흔드는 격이라 아쉬울 뿐이다.

제레미 아이언스나 리암 니슨 같은 중후한 배후들이 무게감을 실어주고, 에바 그린의 참을 수 없는 매력, 그리고 올란도 블룸의 강하면서도 낭만적인 캐릭터가 영화에 잘 녹아들었다. 반지의 제왕이 CG에 너무 치우쳐 판타지 성향이 강한 데 반해, 이 영화는 비용이 더 들고 힘들더라도 사실적인 영상을 담기 위해 투자를 많이 했다. 그래서 사실감이 뛰어나다고 평가받는다. 개인적으로도 〈킹덤 오브 해븐〉이 〈반지의 제왕〉보다 한 단계 위의 작품이라 생각한다.

예루살렘을 두고 치열한 혈전을 벌인 후, 마침내 베일리안이 예루살렘을 살라딘에게 넘겨주면서 나눈 대화가 이 영화의 핵심이자 현실에 대한 깊은 암시를 던져주고 있다. 그들이 그토록 차지하려고 했던 예루살렘은 어떤 의미였을까?

부산 해운대에서 시작해 용정사까지 걸으며 줄곧 머릿속을 맴돌던 난제는 더 큰 질문만 던지고 연기처럼 사라진다.

> Balian: What is Jerusalem Worth? (예루살렘이 무엇입니까?)
> Saladin: Nothing…… or Everything! (아무것도 아니지…… 아니 전부이지!)

간이역의 추억

철도원이셨던 아버지는 아이 둘을 데리고 자주 여행을 다니셨다. 영주와 철암을 오가는 영암선을 자주 다니셨는데, 양손에 아들 둘을 안고 기차가 서지 않는 간이역에서 펄쩍 뛰어내리곤 하셨다. 물론 기관사와는 암

묵의 사인을 주고받으셔서 간이역을 지날 땐 속도를 느리게 조율하셨다. 그러면 정복을 입은 철도원 아저씨와 짧은 목례로 인사를 나누고 간이역을 유유히 빠져나왔다. 평은이나 영주역에서 승차해 양원역이나 승부역, 그리고 철암역에서 내려 당일치기 여행을 하셨다. 아버지와 떠나는 무임승차(?) 여행은 어린아이였던 당시에도 꽤나 낭만적이었다.

  세월이 훌쩍 흘러 기차로 다녔던 그 길을 두 발로 걷기로 한다. 영동선을 달리던 증기 기관차의 둔탁한 기적 소리가 아련하다. 더불어 넓은 가슴으로 안아주시던 아버지의 빈자리도 허기진 속처럼 쓰리게 다가온다. 아버지 품에 안겨 뛰어내리던 간이역들을 두 발로 걷는다. 낙동강 오지 구석구석을 휘돌아 걷는 것이다. 낙동강 상류 협곡을 계곡과 함께 뚜벅뚜벅 걷다 보면 저 멀리 잠들어 있던 옛 추억이 되살아난다. 양원역에 내려 산골짜기를 헤매며 오디와 자두를 따 먹었고, 승부역에 내려 계곡에서 반두로 물고기들을 잡기도 했다. 워낙 오래된 추억이라 두 살 터울 동생은 기억이 나지 않는다 한다. 지금 걷고 있는 낙동정맥 트레일은 아버지의 흔적을 찾아 떠나는 여행일지도 모른다.

▲ 낙동강 지류길

▲ 예전 석탄을 나르던 철길

영동선은 석탄산업의 퇴락과 차량의 대중화로 사양화되기 시작했다. 그러다가 아날로그 감성이 되살아나면서 기차여행에 대한 로망이 부활하기 시작했다. 철암-봉화 구간 협곡을 달리는 관광열차 'V Train'이 그러하고, 젊은이들의 낭만 코스인 정동진역이 그러하다. 특히 영동 오지를 덜컹거리며 풍경을 스쳐 보내는 'V Train'의 인기는 대단하다. 지난번엔 그 길을 기차로 담았고, 이번에는 그 풍경을 두 발로 담는 것이다. 분천역은 'V Train'의 종착역이자 이번 트레일의 출발점이다. 분천역에 발을 들이자 여름이 지나간 자리에 겨울이 서둘러 다가왔다. 빨간 산타와 푸른 크리스마스트리가 역을 점령해 버렸다. 스위스 체르마트와 자매결연을 해서 유럽 겨울 풍경을 재연해 놓은 것이다. 흑백 간이역에 컬러 문화가 덧씌워진 모습이 새롭다.

▲ 오지 트레킹 시작점인 분천역

분천역에서 체르마트길이 시작되는 비동마을까지는 트럭으로 이동한다. 미리 예약해 둔 마을 트럭을 타고 울퉁불퉁한 계곡 길을 달린다. 차량이 지날 때마다 길가에 핀 코스모스가 고개 숙여 인사하고, 은은한 가을 햇살을 머금은 강줄기에선 은빛 물결을 반사시킨다. 호젓한 오지 길을 달리는 오픈카(?) 드라이브가 꽤나 멋스럽다. 비동 승강장은 역이 없고 사람이 내릴 짧은 승강대만 있다. 어찌 보면 아무것도 없는 기찻길 중간에 내리는 듯하다. 인근 마을 사람들은 개인 차량으로 다니고 트레킹 하는 이들을 위해 임시로 만든 정류장이라 함이 옳겠다. 이제부터 본격적인 낙동정맥 트레일이 시작된다.

낙동정맥 트레일

철길을 걷는다. 맞은편 굴에서 열차라도 달려오면 강물로 뛰어들어야 할 판이다. 낙동강 급류가 흐르는 아래쪽을 내려다보니 오금이 저리기도 한다. 장난꾸러기 시절 이후 철로를 걷는 건 처음이다. 양손 벌려 서커스 하듯 뒤뚱뒤뚱 철로를 걷는다. 설국열차가 지나간 콰이강의 다리에서 "나 돌아갈래"를 외치는 여행자는 행복하다. 곧장 굴을 지나고 싶건만 길은 우회해서 산을 오르게 돼 있다. 산 정상에서 소매로 땀을 훔치고 지나온 길을 되돌아본다. 계곡 아래서 불어오는 가을바람이 겨드랑이 간질인다.

▲ 철길, 기차, 하천 그리고 길

이후부턴 계곡을 안고 계속 걷는다. 풍부한 수량으로 낙동강은 당당하게 흐른다. 가까이 다가서면 한기가 느껴져 시릴 정도로 세차다. 갈대숲을 지나면 계곡이고, 전나무숲을 지나도 계곡이다. 오롯이 강물과 함께 걷는다. 귓가엔 물줄기 소리가 끊이질 않고 반복 재생된다. 성큼 다가온 가을 풍경을 담는 눈동자는 이리저리 바쁘다. 배 속에서 꾸르륵거리며 아우성일 때 양원역에 입성한다. 간이역에 간이식당이 차려졌다. 장작불에서 펄펄 끓는 국밥 한 그릇에 식은 밥을 말아 후루룩거린다. 허기진 간에 기별이 가기 시작한다. 여세를 몰아 녹두전에 막걸리 한 사발 부어주니 포만감에 행복해한다.

▲ 자연을 걷는 길

광활한 오지에 아무것도 없이 간이역만 달랑 하나다. 여기서 바라보는 풍광만큼은 절대 경관이다. 노랫말처럼 '저 푸른 초원 위에 그림 같은 집을 짓고 사랑하는 우리 님과 한평생 살고 싶은' 그런 곳이다. 각금마을을 지나 종착지인 승부역까지는 계곡물에 기암괴석도 함께한다. 바위와 강물은 유구한 세월을 변함없이 그 자리에 있었을 게다. 가끔씩 만나는 우리 같은 이방인들이 그 세월의 흔적을 만끽할 뿐.

승부역은 몇 차례 다녀간 적이 있다. 모두 겨울이었다. 얼어붙은 겨울 세상 풍경과 가을 풍경은 사뭇 대조된다. 살아 있는 승부역을 느낀다. 얼

▲ 분천역에서 승부역 가는 길의 미

었던 강물도 살아 흐르고, 역사를 둘러싼 산하는 역동적인 숨을 내쉰다. 강물에 발을 담가 족욕을 즐긴다. 먹잇감인 양 발가락을 간질이는 피라미들이 귀엽다. 그대로 팔베개하고 누워 가을 하늘을 즐긴다. 이 순간만큼은 시간이 정지됐으면 좋겠다. 푸른 하늘을 자유로이 유영하는 뭉게구름이 내 마음이었으면 좋겠다. 휘이잉 소리 내며 서로 부대끼는 대나무들의 춤사위가 흥겹다. 한낮의 평화를 깨는 한 줄기 기적 소리!

역으로 들어오는 기차에 몸을 싣고 영주역으로 달린다. 기차 안에서 걸어온 길을 되돌아본다. 눈길에 발자국을 남기며 걸어갔다가 돌아오며 그 발자국을 다시 보는 그 느낌을 사랑한다. 걸었던 길을 기차로 복기하며 돌아가는 것도 재밌는 경험이다. 이대로 달려서 아버지와 함께 뛰어내렸던 그 간이역으로 되돌아갔으면 좋겠다. 강가에서 고기도 잡고, 산등성

▲ 오지 길에서 만난 가을

이에서 다래도 따던 그 장면으로 돌아갔으면 좋겠다. 영화상으로만 가능한 그런 추억으로 되돌아갔으면 좋겠다.

분천역　　　　양원역　　　　승부역　　　　분천역(기차)

걷는 거리: 9.5Km　　　소요 기간: 4시간 30분
낙동강 협곡 계곡길과 농촌 마을 풍경, 그리고 알프스풍 기차 여행을 즐길 수 있음

지친 영혼의 쉼터

"에릭 클랩튼이 기타도 치네."

같이 TV를 보던 조카 녀석이 던진 말이다. 잠시 당황스러운 상황이 지나서야 이해할 수 있었다. 시대의 차이, 문화의 차이는 이렇게 세대 간의 간극으로 표출된다는 것을. 나에게 에릭은 세계 3대 기타리스트로 각인돼 있지만, 조카 녀석에겐 'Tears in heaven'을 노래하던 싱어로 인지되어 있었던 거다. 돌이켜 보면 이런 문화적 차이 또는 생의 진행 과정에서 다르게 형성되는 생활방식의 차이가 날 꽤나 곤란하게 했던 기억이 있다.

존 레논

혈기왕성하던 시절, 우물에서 뛰어나온 개구리는 자신의 운명을 걸고 세상과 당당히 맞서고 싶었다. 세상과 맞설 전쟁터는 영국이었고, 영국 남부에서 인생 수업을 받고 있을 때였다. 대략 열댓 명이 한 반으로 편성되어 있었고, 다수는 유럽, 남미, 북아프리카 그리고 아시아에서 온 친구들이었다. 한번은 음악에 관심이 많던 선생님이 게임으로 수업을 하자고 하셨고, 학생들은 흔쾌히 쾌재를 불렀다. 게임 룰은 이러했다. 먼저 2인 1조로 팀을 꾸리고 각자가 좋아하는 가수의 이름을 종이에 적어 상대방 이마에 붙인다. 상대방 이마에 붙여진 가수를 열심히 설명하면 당사자는 자기 이마에 붙여진 가수 이름을 말하면 되는 게임이다.

내 짝은 수단에서 온 엘가라는 친구였고, 엘가는 당시 유행하던 '스파이스 걸즈'를 나에게 붙였고, 나는 비틀스의 멤버 '존 레논'을 그녀의 이마에 붙였다. 하숙집에서 MTV만 보던 나에게 '스파이스 걸즈'는 그리 어렵지 않은 답이었다. 30여 초가 되기 전에 답을 말했고, 다음은 내가 존 레논을 설명할 차례였다.

"비틀스의 멤버로 'Imagine'을 노래한 가수는?"
"음……."
"폴 매카트니, 링고 스타, 조지 해리슨 그리고 이 사람?"
"음……."

슬슬 짜증이 나기 시작한다. 할 수 없이 마지막 히든카드를 빼내 들었다. 반주 없이 노래를 부르기 시작했다.

"Yesterday~ all my troubles seemed so far away~~~~~"

일찌감치 문제를 다 푼 친구들은 서로 얼굴이 빨개진 나와 엘가를 주시하기 시작한다. 지금부턴 더 이상 게임이 아니라 생존의 게임이 돼 버렸다. 엘가의 이마에 붙인 존 레논을 떼어낼 타이밍도 놓쳐 버렸고, 자책하는 단계에 와 버렸다. 왜 '비틀스'가 아닌 '존 레논'을 붙였을까? 왜?, 왜? 모두의 시선이 그녀에게 집중되었고, 참다못한 독일 친구가 어이없는 표정으로 그녀에게 한마디 했다.

"어떻게 존 레논을 모를 수 있냐? 나는 도저~~히 이해가 안 된다."

얼굴이 홍당무처럼 빨개진 상태에서 급기야 엘가는 훌쩍이기 시작한다. 그 후로 오랫동안 정적이 감돌았고, 수업 마감 벨 소리에 하나, 둘 교실을 나가기 시작했다. 사태의 주모자가 돼 버린 나에게 수습할 여력이 남아 있을 리 없었다. 나 또한 문화적 충격에서 헤어나지 못하고 멍하니 그녀만 보고 있을 뿐. 나중에 안 얘기지만 북아프리카 수단에서 온 엘가는 부유한 가정집에서 부모님이 좋아하시는 클래식만 듣고 자라난 소녀였다. 그녀에 대한 죄책감에서 벗어나기 위해 금요일마다 아이리쉬 밴드가 연주하는 펍에 데려가 오아시스와 비틀스의 음악을 들려주었다. 때마침 'Blur'가 Bournemouth에 공연을 온다고 해서 거금을 들여 표를 구해 함께 가기도 했다. 〈Song2〉가 울려 퍼질 때 나와 함께 펄쩍펄쩍 뛰던 순수했던 엘가. 나에게 첫 번째 컬처 쇼크를 안겨준 귀여운 소녀였다.

밥 말리

이스라엘 북부 농장에서 일하고 있었다. 말이 통하지 않는 태국 친구와 포도와 복숭아를 따며 아침부터 해 질 녘까지 태양 별과 사투를 벌이는 게 일과였다. 태국에서 온 친구는 생업을 위해, 나는 여행 경비를 마련하기 위해서였다. 밀가루 한 포대와 소금을 사 놓고 매일 수제비만 만들어 먹는 원시적 생활 형태를 하고 있었다. 더 멋진 건, 같은 방을 쓰던 태국 친구가 유일하게 구가할 수 있던 언어는 'Yes, No' 그리고 'Thank you' 뿐이었다. 사람이 대화 없이 보디랭귀지로 살아갈 수 있음을 그때 깨달았고, 한 달 후에는 자폐증 증세를 보이며 그곳을 떠날 수밖에 없었다. 짐을 꾸려 방문을 나서는 나에게 태국 친구는 새로운 고급 영어를 구사했다. "Bye."

짐을 이끌고 나와 새로이 여장을 푼 보금자리는 텔아비브 북쪽 항구였다. '야파'에 위치한 게스트 하우스는 이스라엘을 여행하는 배낭객들에겐 아지트와 같은 곳이었다. 여덟 명이 한 방에 묵는 도미토리 룸이었고, 운 좋게도(?) 내 방에는 게이 친구 두 명도 포함되어 있었다. – 처음엔 무척 당황했지만 후에 이 친구들은 동성애에 대해 보수적이던 나의 고정관념을 바꾸게 해 준 고마운 친구들이 돼 주었다. –

레스토랑이나 이삿짐센터에서 하루하루 일하며 용돈을 벌어 이웃 나라를 여행하는 전형적인 백패커들이었다. 하루 일과가 끝나면 모두들 게스트 하우스 옥상에 올라가 물 담배를 피우거나 차를 마시며 담소를 나누는 게 일과였다. 지중해 바다에서 들려오는 잔잔한 파도 소리와 모스크에서 들려오는 고즈넉한 기도 소리는 그곳 분위기를 한껏 평화롭게 만들어주곤 했다. 그러던 중 홀란드 친구가 오디오로 음악을 틀기 시작했고, 모두들 그 노래에 맞춰 떼창을 하기 시작했다. 나에게도 귀에 익은 곡이었지만 가수가 누군지는 정확히 알지 못하던 때였다. 간간이 들리는 가사에서는 '여자는 울지 않는다'라고 노래하는 것 같았다. 얼마 지나지 않아 그 노래가 밥 말리의 〈No woman No cry〉였다는 걸 가슴을 치며 알게 된다.

노래가 끝나자 말썽꾸러기 같은 홀란드 친구가 물어온다.

"너도 이 노래 좋아하니?"

"응, 몇 번 들었던 것 같애."

"그럼 밥 말리(Bob Marley) 노래 중에 어떤 게 제일 좋아?"

"음…… 밥 말리?"

"응, 밥 말리!"

"근데 밥 말리가 누구지? - 젠장, 정말 이 대답은 하지 말았어야 했다. 아니면 "그냥 다 좋아"라고 하던가. 바부 멍퉁이! -

"오 마이 갓! 너 밥 말리 정말 몰라? 레게음악, 자메이카, I shot the sheriff, Is this love, 그리고 아까 들었던 No woman no cry."

"아~ 좀 전에 불렀던 노래가 밥 말리가 부른 거였어?" - 이 대답은 더더욱 하지 말았어야 했다. 장난으로 여기던 이들도 이 대답 이후 날 리얼 외계인으로 취급했으니까. -

"세상에나, 내가 태어나고 세계 곳곳을 다 다녀봤지만 밥 말리를 모르는 사람은 니가 니가 니가 유일한 사람이다. 어떻게 밥 말리를 모를 수 있니?"

나이도 어려 보이는 녀석의 집중 추궁에 화가 나 한 대 패주고 싶었지만 꾹 참았다. 밥 말리 형님은 왜 내게 이런 시련을 안겨주시고 가셨을까! 홀란드 친구가 분위기 전환을 위해 다른 테이프를 꺼내 튼다. 트레이시 채프만(Tracy Chapman)의 〈Fast Car〉가 울려 퍼진다. - 당연히 이 가수도 당시에는 알지 못했다. 좀 전에 추궁하던 놈이 나를 보며 다시 뭔가 물어볼 기세다. 또다시 외계인이 될 순 없는 노릇이다. -

"어~ 오늘 너무 피곤하네. 나 먼저 가서 잘게, 굿 나잇!"

존 레논과 밥 말리!
문화적 차이가 가져온 재밌었던 얘기들을 회상할 때마다 미소 짓게 하는 형님들이다.

해인사 팔만대장경

　우리나라에는 3대 사찰이 있다. 통도사, 송광사 그리고 이곳 해인사를 일컬어 3대 사찰이라 하는데 그렇게 불리는 이유는 이러하다. 통도사는 부처님의 전신 사리를 모시고 있다 하여 '불보사찰'이라 불리고, 송광사는 큰스님을 많이 배출했다 하여 '승보사찰'이라 불린다. 마지막으로 해인사는 부처님의 말씀을 기록한 곳이라 '법보사찰'이라 불린다. 부처님의 말씀을 기록한 팔만대장경이 있는 해인사를 찾은 날이 우연하게도 석가탄신일이다.

▲ 송광사, 통도사와 더불어 3보 보찰

진주에서 내달린 버스는 해인사 입구에 일말의 여행객을 내려놓는다. 화려한 색으로 덧칠한 등산객과 고운 옷을 입은 등이 흑백산을 컬러로 물들인다. 초파일이라 사찰을 찾는 신도들은 초입부터 장사진이다. 성철 스님이 즐겨 머무르시던 백련암의 풍광을 찾고자 함이고, 부처의 힘으로 몽골을 물리치기 위해 만든 팔만대장경을 보기 위함일 거다. 조선 시대나 고려 시대 임금님들은 참 낙관적이고 낭만적인 사관을 가지신 분들이셨다. 왜적을 막기 위해 십만 양병설을 주창해도, 몽골의 침입을 견제하기 위해 병력을 양성해야 한다는 주장도 다 물리치셨다. 대신 당파주의 놀음에 빠져 사경을 헤매거나 불경의 힘을 빌려 적을 물리치려고 했으니 말이다. 잦은 몽골의 침입에 남쪽까지 피신하면서도 고종은 16년 동안 팔만대장경을 만들었다. 목판에 한 글자 한 글자 새길 때마다 절을 세 번씩 할 정도로 심혈을 기울였다. 그래서 오타 한 자 찾아볼 수 없을 정도라니 그 열성이 얼마나 대단한가? 그 정성으로 국력을 좀 더 키웠으면 좋으련만.

▲ 팔만대장경이 보관된 사찰

재밌는 건, 당시 고려의 정치는 유교사상이었으며, 국교는 불교였다는 점이다. 숭불 정책으로 백성들의 마음을 달래고 한편으로는 도덕적 정치력으로 나라의 근엄을 세웠다는 말이다. 어찌 보면 유교와 불교의 교집합에서 생기는 이점보다 부분집합에서 생기는 불합리와 괴리가 더 컸으리라. 선택과 집중은 예나 지금이나 통용되는 불변의 법칙인가 보다. 하지만 팔만대장경을 만들 당시의 뛰어난 목판 인쇄술과 습기를 방지하기 위해 숯, 솔, 소금으로 바닥을 만든 장경판전의 우수한 과학성은 세계에서 인정받아 유네스코 세계문화유산으로 등재되었다. 단풍나무를 소금물에 절여 목판 위에 한 글자씩 새겨 넣은 목판이 팔만 개가 넘는다. 그 목판을 수백 년간 완벽하게 보관하고 있는 법보전과 수다라장의 놀랄 만한 기술은 경이로울 정도다.

대웅전에 들기 전에 성철 스님의 사리가 보관된 사리탑에 들른다. 삶과 자연의 공간을 초월했던 분으로 원효대사의 '일체유심조(一切唯心造)', 법정 스님의 '무소유(無所有)'와 더불어 인간들이 그토록 찾고자 했던 생(生)에 대한 명쾌한 답을 내놓으신 분들이시다. 은하계의 티끌 같은 미물이 100년도 못 사는 인생을 아등바등하며 살아야 하는 우리네 삶을 사상, 이론적으로 설명해 주셨다. 하지만 미약한 생물들은 그 논리를 행동적으로 옮기는 법은 배우지 못했다. 배려보다는 이기심을, 공익보다는 사익을, 국가보다는 조직의 안위를 챙기려는 위정자들이 난무하는 세상이니 말이다.

녹음이 우거진 숲을 지나 넓은 마당에 발을 들이니 사찰 전체에 화려한 꽃잔치가 벌어졌다. 형형색색의 고운 등들이 마당뿐만 아니라 사찰 지붕에까지 널브러졌다. 그 꽃등 마디에는 간절한 소원을 적은 쪽지들이 빼곡히 들어차 있다. 고개 들어 하늘을 보니 연분홍 등 뒤로 새하얀 뭉게구름이 파란 하늘 바다를 두둥실 떠다닌다. 여유롭고 한가로운 사찰의 아침 풍경이다. 때마침 불어오는 산들바람은 녹슨 풍경을 때려 청아한 종소리를 울린다. 근엄한 청동불상 안에서 새어 나오는 향긋한 절 냄새가 참 좋다.

▲ 3보는 佛法僧

이곳 해인사는 권양숙 여사가 '대덕화'라는 법명을 받은 곳으로도 유명한데, 노무현 대통령이 서거하였을 때 승려 300여 명이 애도를 표했을 정도로 깊은 인연이 있는 사찰이기도 하다. 그리고 6·25 때 해인사를 폭파하라는 명령을 어기고 해인사를 보호한 김영환 장군의 은덕도 깊다. 그래서 이곳에서는 김 장군을 기리는 행사도 매년 열리고 있다. 석가탄신일에 찾은 해인사는 내·외적으로 풍만한 행복을 안겨줬다. 오랜만에 만날 합천 친구 생각 때문인지, 아니면 다음에 걸을 홍류동 소리길 때문인지 가슴속은 탱탱한 풍선을 품은 것처럼 마냥 행복하다.

▲ 3보중법보인 해인사 경내

소리길 힐링 로드

스니커즈 두 개와 위스키 한 모금으로 간단한 점심을 때운다. 해인사를 내려와 본격적인 소리길을 걷기 위함이다. 마음을 비우고 심신을 재충전키 위해 가벼운 발걸음을 띄운다. 소리(蘇利)길은 우주 만물이 소통하고 자연이 교감하는 생명의 소리를 들으며 걷는 길이다. 아울러 그 소통을 통해 깨달음으로 가는 길이기도 하다. 홍류동 계곡을 따라 친환경적 테마 로드를 만들어 누구나 쉽게 걸으며 지친 영혼을 다독거리고 힐링하게끔 만들어준다. 계곡을 따라 걷다 보면 졸졸거리는 계곡수와 경쾌하게 지저귀는 산새소리로 복잡한 머릿속을 Reset 할 수 있다. 후반부에는 논두렁을 따라 들길로 이어지는 황톳길을 만나고, 무성한 송림과 호젓한 오솔길도 만나며 즐겁게 걸을 수 있어 좋다.

그런데 바지춤에서 울려대는 진동 소리와 이어진 짧은 통화는 번뇌를 동반케 한다. 비우려는 머릿속을 복잡한 일로 채워버린다. 벗어나려 바동거리지만 한번 들어온 번뇌는 쉽게 머릿속을 떠나지 않는다. 절세 풍경을 만나도, 시원한 계곡수에 발을 담가도 자꾸만 되뇌어지는 고민! 몸뚱어리는 자연에 있지만 정신은 복잡한 도시를 헤매고 있다. 해골바가지에 든 물, 아무것도 가지지 않는 무소유, 산은 산, 물은 물이라는 자연의 법칙으로 정신을 몰아가지만 한번 깊어진 고민은 딸꾹질처럼 멈추지 않는다. 이렇게도 인간은 나약한 동물이다.

풀리지 않던 고민은 홍류동 계곡 중반부에서 걸려온 또 다른 전화로 일소된다. 합천에서 만날 친구와의 약속 문제로 전화기를 켜놓은 게 화근이었다. 결론은 병 주고 약 준 꼴이지만 중요한 교훈을 얻은 셈이다. 힐링 로드에서는 전화기를 꺼놓아야 한다는 사실. 원효대사의 일체유심조와 맞먹는 우주 만물을 아우르는 진리다. 그렇게 잠시 쉬었다 다시 걸으니 시야에 다가오는 자연 풍경은 사뭇 다르다. 보이지 않던 기암절벽과 여름으로 치닫는 낙엽들의 푸름이 싱그럽다. 이곳 홍류동 계곡은 가야산 19경 중 16경을 담고 있는데, 가을 단풍이 선혈처럼 깊고 붉어 홍류동이라 불리기 시작했다.

▼ 간간이 만나는 자연의 맛

사찰과 석탑으로 둘러쳐진 길상암 적멸보궁을 지나니 제월담(달빛이 잠겨 있는 연못)이 나온다. 그 옆에 새겨진 글귀 하나가 생각의 그림을 그리게 한다.

"금빛 파도 반짝이니 달그림자 일렁이고
고요한 밤 빈산에 계수 잎만 향기롭구나.
그 누가 못 위에서 옥피리를 불길래
날아가며 드리우는 붉은 치마여!"

가을날 다시 찾으면 날아가며 드리우는 붉은 치마를 볼 수 있으리라. 계곡을 흘러흘러 농산정에서 잠시 쉬어간다. 최치원이 은둔하며 수도하던 정자로 지금은 초라한 모습으로 남았지만, 그가 고뇌하던 번뇌는 정자 안에 고스란히 남아 있다. 중국에서 '황소의 난'을 평정하러 떠날 때의 힘찬 기개는 쓰러져 가는 조선에서는 무용지물이었다. 이곳 해인사에서 쓸쓸히 생을 마감해야 했던 불운한 천재 사상가의 혼이 여기 잠들어 있다.

▲ 귀여운 이정표

▲ 소리길에서 바라본 가야산

▼ 소리길의 마지막 지점

계곡을 벗어나니 오솔길과 너른 평지가 나온다. 따가운 햇살이 살갗을 찔러댄다. 소리길이 시작된다는 간판이 보인다. 그러고 보니 소리길을 거꾸로 역류해 걸은 셈이다. 채 10km도 안 되는 길에서 꽤나 많은 생각을 했다. 합천에 사는 오랜 친구를 만나기 위해 택시를 부른다. 택시에 몸을 싣고 백미러로 가야산을 흘깃 쳐다본다. 거대한 산이 못내 아쉬워한다. 찜통 같은 택시 안에서 이어폰을 꽂는다. 노래를 뒤적이다 보니 Oasis의 'Don't look back in anger'가 손에 잡힌다. 백미러로 보이는 가야산이 내게 하는 말일지도 모른다.

해인사　　　　　　　　　　홍류동　　　　　　　　대장경 소리길 입구

걷는 거리: 7.3Km　　　소요 기간: 3시간 20분
송림 숲에서 나오는 신선한 공기와 산맥을 휘감아 도는 계곡을 걷는 힐링 길

걷기 좋은 꽃길 Best 3

섬진강 십리벚꽃길	꽃무릇길(선운사, 용천사, 불갑사)	황매산 철쭉길
쌍계사와 섬진강 시간여행	치명적으로 고혹적인 빨강	진분홍빛 비단 이불

쌍계사와 섬진강
시간여행

빨간색은 스펙트럼의 양쪽에 있기 때문에 감정과 연관되는 흥미로운 색상이다. 한쪽 끝에서 누군가와 사랑에 빠지고, 열정과 그 모든 것에 관한 열병에 걸린다. 다른 쪽 끝에는 집착, 질투, 위험, 공포, 분노와 좌절감이 있다.

- 테일러 스위프트(Taylor Swift)

색계色界

황금빛 아침 햇살이 허름한 골목길에 비칠 땐 생명의 태동을 느낀다. 나른한 오후 시간엔 노천 바에 앉아서 차가운 맥주잔을 타고 내리는 새하얀 눈물을 보는 게 즐겁다. 해 질 녘 빛의 꺼짐은 핑크빛 세상으로 물들이며 귀향 본능을 불러일으킨다. 세상에 펼쳐지는 색의 향연은 그야말로 진수성찬이다.

한때, 프랑스 센강을 따라 남쪽으로 여행한 적이 있다. 빛의 마술로 가슴을 설레게 하던 모네의 흔적을 찾기 위해서였다. 시간이 멈춘 도시 베퇴유에서 그렸던 황톳빛 〈베퇴유의 교회〉나 초록 드레스를 입은 여인 〈카미유〉에서 그의 색감 마술은 여지없이 살아난다. 모네의 작품 중 항시 내 가슴속을 지배하고 있는 건 모녀가 빨간 양귀비 언덕을 거니는 〈아루장퇴유 부근의 개양귀비꽃〉이다. 은은하게 퍼지는 그의 붓놀림에 의해 탄생한 한 폭의 수채화를 보노라면, 모네가 당시 인상파의 3대 거인이라 불리는 바지유와 르누아르보다 한 수 위가 아닌가 생각하게 한다. 파란 하늘빛과 새빨간 양귀비 사이에 멈춰 선 모녀의 공통된 색은 백색이다.

원색의 청초한 초록을 사랑한다. 모태가 자연적인 것 때문이었는지, 틈만 나면 초록의 깊은 품 안으로 이리저리 방황한다. 눈에 청량감을 불어넣어주고, 가슴엔 드넓은 이상과 패기를 불어넣어 준 녀석이기에 초록에 대한 사랑은 한 번도 식은 적이 없다. 말레이시아 열대우림의 울창한 숲

속에서 깊은 명상에 잠길 때나, 캄보디아의 앙코르와트 밀림을 자전거로 트레킹 할 때도 내 옆엔 항상 초록이 동행해 주었다. 정말 멋진 녀석이다. 이따금 깊은 초록에서 벗어나 연두를 만날 때가 있다. 광활한 보리밭을 만날 때다. 그때부턴 아이보리의 오케스트라가 연주된다.

글래디에이터에서 러셀 크로우가 손으로 보리밭을 스치며 지나가는 광경은 아이보리이다. 해를 반쯤 가린 구름이 하루를 마감할 때, 프라하의 퀼른교에서 바라보는 강변의 로맨틱한 도시가 상앗빛이다. 그리고 에든버러성에서 하산길에 마주치는 백파이프 전사가 연주하는 〈Amazing Grace〉의 구수한 노래가 숭늉 같은 아이보리이다. 여행 스타일리스트가 되어 꿈속의 엘도라도를 찾아 떠날 때 비행기 밖으로 펼쳐지는 파스텔풍의 하늘에도 코끼리 상아는 날아다닌다. 고개 돌려 스튜어디스에게서 화이트 와인 한 잔 받아 든다. 흰색 와인이 들어가지만 배 속에서는 뜨거운 빨강으로 돌변한다.

경제학의 멘토인 톰 피터스는 유난히 원색의 중요성을 강조한다. 세계적으로 성공한 기업의 공통된 특징이 원색으로 로고를 만들거나 원색처럼 분명한 창조적 기업경영을 펼쳤다고 이야기한다. 톰의 말처럼 지금은 원색을 좋아하지만 돌이켜보니, 인생을 방황할 때는 비 오는 도시 느낌 같은 회색이 많이 지배했었다. 이제야 삶과 죽음이나 옳고 그름을 겨우 구분할 줄 알게 되었지만 과거의 우중충한 색이 날 지배할 때에는 회색분자가 되기 일쑤였다. 정말이지 지금에라도 강렬하고 진취적인 원색이 날 지배하고 있어서 다행이다. 그 덕분인지 아직 삶에 대한 여유는 없지만 살아가는 방법에 대한 자신감은 충만해졌다. 아울러 세상 속에서 길들여지지 않으면서도 타협과 배려하는 동시 수업을 받고 있음에 감사한다.

십리벚꽃길

쌍계사에는 소리가 있다.

봄바람에 동백이 떨어지는 소리가 있고, 매화가 실바람에 흩날리는 소리가 있다. 스님의 재촉 걸음에 도포가 흩날리며 절 냄새가 풍겨온다. 뒷산 국사암에서 불어오는 스산한 바람 소리에 건장한 대나무들이 서로 부딪히며 흐느낀다. 돌다리 밑에선 곱디고운 계곡물이 돌을 타고 수줍게 흐른다. 사르륵사르륵 소리가 정겹다. 사찰 뒷마당에선 이른 아침 스님들 곡기를 채우려는 장작불이 굴뚝 위로 모락거린다. 석가탑 옆에 기대선 새하얀 목련은 생을 다하고 대지로 추락한다. 생사의 모습이 너무나 대조적이다. 요염하게 하늘 향해 옷매무시를 다지는 목련의 기개는 우아하다 못해 경건하기까지 하다. 하지만 생을 다해 바닥에 깔린 주검들은 너무나 처량해 보는 이들의 마음을 아프게 한다. 파랗고 빨간 바가지들은 거북이가 내뿜는 생수를 퍼 나르기에 바쁘다. '쪼르륵쪼르륵', '꿀꺽꿀꺽' 하는 소리는 산사의 고요한 적막을 깬다. 쌍계사에는 흥겨운 자연의 소리가 가득하다.

▲ 쌍계사 하천을 장식한 벚꽃과 개나리의 향연

▲ 쌍계사 하천에 하늘거리는 벚꽃

속세에도 즐거운 소리가 있다. 회사 사장은 팩스로 발주서 들어오는 소리가 좋고, 식당 사장은 통통거리며 돈통 여닫는 소리가 좋다. 공장에서는 4시 휴식 시간을 알려주는 멜로디가 좋고, 샐러리맨들은 월급날 입금을 알리는 휴대폰 문자 소리가 좋다. 갓난아기의 방실거리는 소리에 부모들은 행복해하고, 설날 꼬마 녀석들에겐 어른들 지갑에서 나온 빳빳한 지폐들이 손가락 사이를 넘어가는 소리를 좋아한다. 스티비 원더나 안드레아 보첼리에겐 음악만큼 행복한 소리는 없다. 사람 사는 세상에도 이렇게 흥겨운 소리들이 있다. 일요일이 다 가는 소리 빼고는……

지리산 천년 고찰 쌍계사는 귀를 즐겁게 하지만 눈도 행복하게 만든다. 쌍계사에서 화개장터까지 이어지는 십리벚꽃길은 가히 압권이다. 함박눈 내린 덕유산 눈꽃 같기도 하고, 리어카에서 돌돌 말린 솜사탕을 나무에 주렁주렁 매단 것 같기도 하다. 화개(花開)는 '꽃 피는 산골'이라는 말로 몽롱한 꽃길을 열어주는 길이다. 이 길은 '혼례길'이라 불리기도 하는데 사랑하는 연인들이 두 손을 꼭 잡고 걸으면 영원한 사랑으로 백년해로한다고 알려져 있다. 봄 햇살이 중천에 오르자 벚꽃터널은 더욱더 화사해지고 이차선 도로는 주차장으로 변한다. 십리벚꽃길을 걸어가는 보행객들은 연신 환호성을 지르기도 하고 카메라 셔터를 눌러대느라 분주하다. 산등성을 넘어온 미풍에 꽃잎이 흩날린다. 꽃비가 내린다. 춘풍낙화(春風洛花)는 여행자의 발걸음을 멈추고 깊은 상념에 젖게 한다.

▲ 십리벚꽃길의 위엄

▲ 푸른 차밭 사이의 핑크빛 벚꽃

섬진강 이야기

섬진강 시인으로 유명한 김용택 시인은 섬진강을 이렇게 표현한다.

> '산굽이 돌아오며 아침 여는 저기 저 물굽이같이 부드러운 힘으로 굽이
> 치며 잠든 세상 깨우는 먼동 트는 새벽빛. 그 서늘한 물빛 고운 물살로
> 유유히, 당신, 당신이 왔으면 좋겠습니다.'

섬진강 토박이 시인은 지리산 골짜기에 살면서 세상에 대한 거침없는
시구를 내던진다. 시인을 알고 난 후 섬진강을 찾았더니 강은 아련한 애
수(哀愁)에 젖어 있고, 울 밑에 선 봉선화처럼 한국인의 한(恨)이 서려 있
다. 하천을 휘휘 돌아드는 여인네의 맵시 좋은 허리선이 그나마 어둠을
깨는 한 줄기 밝음이다. 섬진강은 말없이 유유히 흘러가지만 빈속에 소주
를 들이부을 때 위를 긁어대는 쓰라림을 느낀다. 섬진강은 그렇게 거기에
있었다. 동학에 좌절한 농민들의 검붉은 피가 섞였고, 체육관에서 나라
어른을 뽑을 때 농가부채로 농약을 마시고 뛰어들던 농심이 거기에 더해
져서 흘렀다. 강변에서 피를 토하는 심정으로 글을 쓰는 시인에게 어머님
은 말씀하신다.

"시가 다 뭣이다냐, 고것이 뭐여, 뭔 소용이여."

그놈이 그놈이고 다 똑같은 놈인데 뽑으면 뭐 하냐 하시면서 지팡이

짚고 투표하러 가신다. 나는 세상 못 만나 이렇게 살지만 너희들은 꼭 성공해서 잘 살 거라 하시면서 아침 일찍 투표하고 일터로 나가신다. 양비론과 흙수저론의 대상자들은 보수정당을 지지한다. 1% 천민자본주의가 만들어놓은 시스템이 잘 돌아간다. 세금 지출에 있어 기업에는 투자라는 단어를, 서민에게는 복지라는 단어를 쓴다. 허리 펴 하늘을 보지 못하게 만든다. 땅만 보고 일만 해야 그나마 밥줄이 끊기지 않는다. 부자들이 잘 살면 언젠가는 우리한테도 콩고물이라도 떨어질 거야 하며 자위한다.

"정치가 다 뭣이다냐, 고것이 뭐여, 뭔 소용이여"라고 생각하는 사람들이 섬진강을 찾았으면 좋겠다. 강물이 그들에게 말해 주면 좋겠다.

"정치를 외면한 가장 큰 대가는 가장 저질스러운 인간들에게 지배당한다는 것을."

▲ 섬진강을 걷는 여행자

쌍계사　　　　　　십리벚꽃길　　　　　화개장터　　　　　악양벌판

걷는 거리: 16.5Km　　　소요 기간: 6시간 30분

쌍계사에서 화개장터까지 이어지는 화려한 벚꽃 향연. 더불어 섬진강을 걸으며
토지마을까지 여유로운 산책

치명적으로 고혹적인
빨강

빛 한 줄기에 꽃무릇 하나
한껏 팔 벌린 수수마다 한 줌 햇살 가득
간절히 빛을 갈하는 어둠 속 꽃무릇 하나
고운 자태를 숨긴 채 숨죽인다.
꽃 지고 잎이 돋고, 잎 지고 꽃 피어 꽃과 잎을 함께하지 못하는
서러운 놈
사람들은 그놈을 화엽 불상견(花葉不相見)이라 부른다.

펍에서 만난 여인

며칠 전 친구들과 펍에서 기네스 한 잔 마셨다. 카푸치노를 마시듯 부드럽게 넘어가는 목 넘김이 마치 예전 영국에서 자주 다니던 펍에서 먹던 맛과 다르지 않았다. 집에 오는 길에 예전의 노스텔지어가 또다시 머리를 난도질하기 시작했다. 기네스 한 잔에 목말라 하고, 쓰디쓴 영국식 비터로 가슴을 채우고, 아이리시 음악에 취해 있던 오닐펍에서의 추억이……

과거의 기억 속으로 거슬러 올라가 본다. 훌쩍 떠나간 영국에서 수업 후 대부분의 시간은 여행과 놀이 문화(콘서트 공연 가기)에 빠져 있었다. 매주 금요일에는 어김없이 오닐펍을 찾아 젊은 날의 초상을 맘껏 즐겼다. 오닐펍은 Bournemouth 해변에 위치하고 있는 곳으로 매주 금요일은 아이리시 밴드가 라이브를 해서 즐겨 찾게 되었다. 이곳에서 많은 친구를 만났고, 그들과 잊지 못할 많은 추억들을 공유했다. 특히나 외국에서 공부하러 온 학생들에게는 이보다 더 리얼하게 영국문화를 느낄 수 있는 곳도 없었다.

입장료가 없었고, 그 당시 비터(Bitter-쓴맛이 강한 영국 전통 생맥주) 한 잔이 1파운드가 조금 넘었다. 공부하던 시절이라 대부분이 비터를 마셨고, 기네스(Guinness)나 뉴캐슬 브라운 에일(New Castle Brown ale) 같은 흑맥주는 생일날이나 시험 마치는 날 같은 아주 특별할 때만 한 잔씩 마셨다. 지금도 그때의 그 맛을 잊을 수 없다. 매주 금요일이면 라이브 분위기에 취해 비터로 보통 대여섯 잔은 마셨다. 오닐은 영국식 전통 펍으로 오래된 오크 탁자가 널려 있고, 입구 오른쪽에는 길게 펼쳐진 바 사이에 덥수룩한 수염을 한 바텐이, 그리고 좌측 구석엔 라이브 무대가 설치되어 있는 선술집이다. 아이리시 음악에 맞춰 등에 땀 줄기가 흐를 정도로 춤추기에 이보다 더 좋은 공간은 없었다.

웨일스나 아이리시 전통 음악에 취해 이리저리 부딪히다 보면 새로운 친구도 만나게 된다. 지금도 기억나는 친구는 아주 열정적인 춤을 추던 스페인 친구 ANA였다. 후에는 아주 친한 사이가 되어 오닐펍에 가는 가장 큰 목적이 그녀가 되기 일쑤였다. 마드리드에서 온 친구인데 나이는 한 살 많았지만 스페인 친구들이 왜 열정(passion)적인지를 정의해 준 멋진 친구였다. 땀을 뻘뻘 흘리며 밴드에 몸을 맡기다 보면 학교 선생님들도 만나고, 하숙집 앞에서 동냥하던 노숙자들도 만나게 된다. 여기서만큼은 귀천이나 신분에 대한 구분이 없었다.

대부분의 라이브는 U2, 오아시스, 코어스, 치프턴스의 노래들로 채워졌다. 그 분위기는 영화 〈라스트 모히칸〉, 〈시티 오브 조이〉, 〈아발론의 여인들〉, 〈반지의 제왕〉에서 나오는 청각 분위기와 영화 〈타이타닉〉에서 디카프리오가 윈슬렛과 타이타닉호 지하 창고방 탁자 위에서 원형을 그리며 함께 춤추던 시각적인 분위기가 더해졌다. 아이리시 전통 휘슬인 피페에서 뿜어져 나오는 경쾌함과 신비로움은 록 밴드의 리드기타 솔로와 비교해도 결코 뒤지지 않을 정도로 강력한 사운드를 자랑했다.

가끔 현실에서 도피하고 싶을 때, 엘리베이터에 올라 층 버튼을 누르면 이 엘리베이터가 오래전 과거의 오늘 바로 갔으면 하는 상상을 해 본다. 아이리시 음악에 기네스 한 잔이면 세상을 다 준대도 바꾸고 싶지 않던 그 과거의 기억으로 순간 이동했으면 한다. 켈틱 음악이 흐르는 아이리시 바! 지친 내 영혼을 보듬어줄 수 있는 영혼의 안식처가 되어줄 바!

그 바에서 열정적으로 춤추던 스페인 여인을 만나고 싶다.

이루어질 수 없는 사랑

'이루어질 수 없는 사랑'이라는 꽃말을 안고 있는 붉은 꽃. 화엽 불상견(花葉不相見) 또는 상사화(相思花)라 불리는 꽃무릇이 남도 들판에 흐드러지게 폈다. 산길마다, 들판마다 진한 와인 빛을 띠며 고운 자태를 한껏 뽐낸다. 9월 중순에 잠시 화려한 모습을 보여주다가 본격적인 가을이 오기 전에 몸을 숨긴다. 산자락에 핀 한 송이 외로운 모습도 좋고, 들판에 넓게 펼쳐진 웅장한 모습도 좋다. 가느다란 수술을 치렁치렁 달고 있어 위에서 보면 날씬하지만 옆에서 보면 말 그대로 무릇의 형태를 띤다.

가을 마중물 같은 꽃무릇을 찾아 나선다. 우리나라 3대 꽃무릇 명소를 찾아 그들의 고혹적인 자태에 빠져본다.

▲ 아침 한 줄기 햇살에 빛나는 꽃무릇 　　　 ▲ 꽃무릇 꽃잎

▲ 꽃무릇 줄기

1. 고창 선운사

도솔산 기슭에 둥지를 튼 산사로 김제 금산사와 더불어 전북 2대 본사라 칭한다. 눈 내린 겨울 풍경이 유난히 아름답기로 유명하다. 신라 진흥왕이 지었다는 설과 백제 위덕왕이 지었다는 설이 있지만 지리적으로 백제 시대 사찰일 가능성이 더 높다.

선운사는 산책하기 좋은 길이다. 솔솔 흐르는 개울가를 따라 아기자기한 산길 걷는 재미가 쏠쏠하다. 도솔암으로 오르는 숲길로 올랐다 선운사 방향으로 내려오는 길이 좋다. 하천에 어린 고목의 반영도 신비롭고 여름날의 청단풍의 푸름도 좋다.

선운사의 넓은 마당에 들어서면 웅장한 자태에 놀란다. 배롱나무를 지나 우물가에서 시원한 냉수 한 모금 들이켜고 뒷마당으로 들어서면 도솔산이 병풍처럼 서 있는 모습과 마주한다. 시계 방향으로 돌아 나오면 대웅전 아래에 차를 마실 수 있는 암자가 있다. 앞뒤로 탁 트인 곳에서 국화향 그윽한 차 한잔 하며 쉬어가도 좋을 거다.

불갑사나 용천사에 비해 꽃무릇이 다소 느리게 핀다. 만개한 꽃무릇을 보다 여리고 어린 꽃무릇을 보는 재미도 가히 나쁘지 않다. 사색하며 천천히 걷기엔 선운사만 한 곳이 없다.

▼ 선운사 초입길

▲ 선운사 경내 배롱나무

▲ 선운사 약수에 떨어진 배롱꽃

2. 함평 용천사

모악산 아래에 위치한 용천사는 백제 무왕 때 행은이 창건한 사찰이다. 대웅전 아래 용천이 있는데 황해로 이어지고 있었다 한다. 그 용천에서 용이 살다가 승천했다는 이야기가 있다. 용천사에서 구수재라는 재를 넘어가면 불갑사가 나온다. 꽃무릇을 보고자 한다면 재 하나로 두 사찰의 꽃무릇을 모두 탐할 수 있다.

용천사 초입에 꽃무릇 자생지가 20만 평 조성돼 있다. 예로부터 사찰 주위에 꽃무릇이 많은 이유가 있다. 꽃무릇 뿌리에 있는 알칼로이드 성분이라는 독성 물질이 사찰에서 탱화를 그릴 때 좀이 쏘는 걸 막아주는 역할을 하기 때문이다. 꽃이 지면 잎이 나고, 잎이 지면 꽃이 펴서 잎과 꽃이 함께할 수 없는 아픔이 뿌리의 독성으로 단단해졌나 보다.

용천사 초입 좌측으로는 산자락을 덮은 붉은 무리를 볼 수 있다. 아침 햇살에 영롱하게 빛나는 찬란한 붉음! 그 고운 자태에 매료되지 않는 자 없으리라. 중앙에 저수지를 두고 반대편엔 숲속에 숨어든 외롭고 여린 꽃무릇을 보게 된다. 울창한 숲을 뚫고 내려온 빛 한 줄기가 꽃무릇 머리에 얹힌다. 어둠 속에 유난히 빛나는 꽃무릇 한 송이는 군계일학(群鷄 鶴)이다.

대웅전에 들어서면 단청 끝자락에 달려 가을바람에 대롱거리는 풍경과 조우한다. 해우소 들렀다 스님이 머무는 숙소 처마에 핀 꽃무릇 한 무리와 마주한다. 어둠에 앉아 건너편 밝음에서 빛나는 꽃무릇을 쳐다본다. 꽃무릇의 가장 아름다운 자태를 넋 놓고 한참 쳐다본다.

눈으로만 탐하기 아쉬운 분들을 위해 카메라가 절대적으로 필요한 곳이다!

▲ 용천사에서 불갑사 넘어가는 고갯길

▲ 용천사 담벼락에 핀 꽃무릇

3. 영광 불갑사

불갑산 기슭 동백골 들머리에 자리한 불갑사는 백제 침류왕 때 창건되었다. 대웅전에 칠하지 않은 단청의 고풍스러움과 억겁의 세월을 고스란히 간직한 연꽃 문양도 단아하다. 용천사에서 구수재를 넘어서면 불갑사와 맞닥뜨린다. 불갑사는 상당히 큰 절이다. 경내를 제대로 한 바퀴 돌면 숨이 찰 정도다.

불갑사를 나오면 온 천지가 꽃무릇 밭이다. 넓은 숲 바닥 전체를 뒤덮은 붉은빛 향연에 빠져든다. 이곳은 비행기로 씨를 뿌려 만들어진 거대한 군락을 연상케 한다. 따로따로 흩어져 있다가 한데 모여 있는 모습도 가히 장관이라 할 수 있다.

축제 기간이라 주중인데도 인산인해다. 꽃만큼이나 사람이 많다. 용천사에서는 느긋이 오가며 꽃을 담을 수 있었는데 재를 넘어 불갑사에 이르니 정신이 사납다. 세 사찰 중 가장 유명하기도 하고 교통이 편리해 많은 이들이 찾는다. 초입에는 마을 주민들이 차린 천막 식당에서 향긋한 냄새가 식욕을 돋운다. 풍물놀이 대회가 열리는 무대에선 화려한 복장을 한 마당놀이가 한창이다. 흥겨움과 행복이 곳곳에서 묻어난다.

만개한 꽃무릇 밭을 오가며 붉음에 점점 빠져든다. 어찌 이토록 붉고도 고울까?

▲ 불갑사 꽃무릇 들판

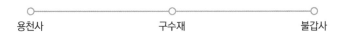

용천사   구수재   불갑사

걷는 거리: 7.8Km   소요 기간: 3시간 30분
용천사에서 불갑사까지 이어지는 고혹적인 붉은 꽃무릇의 매력에 빠져듦

진분홍빛 비단 이불

노래의 비밀은 노래하는 사람의 목소리가 지닌 진동과 듣는 사람의 마음의 떨림 사이에서 발견된다.

- 칼릴 지브란

좋아하는 노래를 듣는다는 건 마음의 평화를 갈구한다는 뜻이다. 좋아하는 음악을 들을 수 있다는 건 정신적, 육체적으로 안정된 상태가 되었음을 말해 준다. 그리고 좋아하는 음악을 찾는다는 건 지친 영혼에 휴식이 필요하다는 말이다. 지금이 바로 음악을 찾아 여행을 떠날 순간이다.

◈ Fake Plastic trees — Radiohead

한때 내게 드럼을 가르치던 미국 친구와 대화를 나눈 적이 있다. 그때 자기가 가장 좋아하는 밴드가 Radiohead라 했다. 미국에도 좋은 밴드가 많은데 왜 영국 밴드를 좋아하냐고 물으니, Radiohead의 음악에는 영혼이 있다 했다. 그 이후로 나도 이 밴드를 좋아한다. 내 음악 리스트에는 총 3곡의 노래가 실려 있다. 〈Fake Plastic Trees〉, 〈Creep〉, 〈No surprises.〉 그만큼 이 밴드를 사랑한다는 말이다.

◈ Creep — Karen Souza

어떻게 보면 Radiohead를 대표하는 곡이지만 너무 침울한 가사 때문에 꺼려했었다. 그러다 우연히 알게 된 Karen의 재즈풍 음악을 들었다. 음울한 가사를 밝은 음악으로 새 단장 한 느낌. 참 좋다!

◈ Cayman Island — Kings of convenience

감미로운 북유럽 음악이다. 그래서 북유럽의 사이먼 & 가펑클이라 부르고 싶다. 글 쓰며 듣기 좋은 노래들이다. 서음으로 읊조리며 부르는 두 남자가 멋지다! 〈24-25〉와 〈I'd rather dance with you〉 노래도 좋다.

◈ Blowin in the world — Bob Dylan
노래하는 음유시인을 빼놓을 수 없지.

How many roads must a man walk down
사람은 얼마나 많은 길을 걸어 봐야
Before you call him a man
진정한 인생을 깨닫게 될까요.
How many seas must the white dove sail
흰 비둘기는 얼마나 많은 바다 위를 날아 봐야
Before she sleeps in the sand
백사장에 편안히 잠들 수 있을까요
And how many times must the cannonballs fly
전쟁의 포화가 얼마나 많이 휩쓸고 나서야
Before they are forever banned
세상에 영원한 평화가 찾아올까요. 친구여,
The answer, my friend, is blowing in the wind
그건 바람만이 알고 있어요
The answer is blowing in the wind
그건 바람만이 대답할 수 있답니다.

◈ Closer — Travis

여행 떠나라고 종용하는 노래를 부르는 밴드. 그리하여 이름도 Travis
다. 이어폰 끼고 기차 여행 떠나며 들어도 좋고, 버스를 타고 차창으로 스
쳐 지나는 풍경을 보며 들어도 좋다. 발랄한 리듬에 머리를 흔들거리는
당신을 발견하게 된다. 이 곡과 함께 'Moving'도 함께하면 좋다.

◈ High — Light house family

너무 잘나가서 바쁜 스케줄을 이기지 못해 해체해 버린 웃긴 밴드다.
시원하고 깔끔한 목소리와 경쾌한 리듬이 주는 상쾌함이 좋은 노래다. 약
간 쇳소리가 나는 보컬의 매력적인 목소리는 쉽게 귓가에서 떠나질 않는
다. 가장 편안한 상태에서 아무 생각 없이 듣기 좋다. 삶이 복잡하거나 인
생이 당신을 속일 때 들어보시라.

◈ Chasing car — Snow Patrol

이런 유의 음악을 좋아한다. 매물도 수풀에 누워 온몸으로 바람을 느
끼며 들으면 좋다. 푸른 하늘과 옥빛 바다 사이에 이 노래가 울려 퍼지게
하라. 세상을 잊고, 현실을 잊고 자연과 함께하라. 상상하지 못했던 멋진
감흥을 맛보리라. 노래 가사처럼 그냥 바닥에 누워 세상을 잊어버려 보자.
'Would you lay with me and just forget the world!!!'

◈ Authum Leaves — Eddie Higginses

에디 음악 중 가장 좋아하는 곡이다. 그래서 휴대폰 컬러링도 이 노래

로 저장돼 있다. 태국으로 출장 갈 때마다 들르는 바가 있다. 수꿈빗거리에 있는 쉐라톤 호텔 2층이다. 뉴올리언스 출신들이 들려주는 맛깔 나는 재즈 음악은 날 유혹하기에 충분했다. 연주 후 맥주 한잔 마시며 나누는 맛있는 재즈 이야기가 그립다.

◆ La vie en rose – Louis Armstrong

장밋빛 유리를 통해 본 인생이라는 의미가 담긴 에디트 피아프의 노래가 원곡이다. 이 노래를 암스트롱이 애절한 노래로 재해석했다. 구슬픈 트럼펫 연주에 이어지는 구수한 보리차 같은 목소리가 정겹다. 저런 목소리는 흑인들만의 전유물이라는 생각이 든다.

◆ If you don't know me by now – Seal

〈Kiss from roses〉로 유명한 못생긴(?) 아저씨의 노래다. 재즈 음악과 팝송을 재해석해서 두 장의 음반을 내놨다. 그중에서 이 노래와 〈Man's man's world〉를 좋아한다. 강렬한 소울 창법으로 멋드러지게 노래하는 이 아저씨의 모습이 당신을 매료시킬 것이다.

◆ What a difference a day made – Jamie Collum

현재 영국을 대표하는 재즈 뮤지션이다. 묘한 느낌이 있는 목소리와 끈끈한 멜로디가 나른한 오후의 의도적인 일탈을 꿈꾸게 한다. 젊어 보이는 나이에 인생을 일찍 통달해 보인다. 그만큼 음악이 묵직하다. 그나저나 뮤직비디오 같은 분위기에서 기네스 한 잔 옆에 두고 직접 드럼을 연주하는 상상을 한다.

◆ Butterfly in the rain - Isao Sasaki

눈 감고 조용히 들으면 좋다. 일본 Newage 피아니스트로 영화 음악에 많은 곡을 쓰고 있다. 노래 가사처럼 비 오는 날, 빗방울을 이리저리 피해 다니는 나비의 모습을 상상해 보며 피아노 소리를 감상해 보자. 굵은 빗방울이 한쪽 날개를 때려 주춤거리는 나비를 떠올려 보자.

◆ Fast car - Tracy Chapman

오래전 벤츠의 TV 광고가 생각난다. 구형 차량을 타고 낡은 도로를 달리는 차와 함께 이 음악이 흘러나왔다. 그러다가 벤츠 신형 자동차가 오버랩 되는 그런 광고였다. 과거에 대한 노스탤지어를 느끼게 하는 광고였는지 현재까지도 기억이 생생하다. 그래서인지 이 노래만 들으면 벤츠 차가 생각난다. 톡톡 튀는 리듬이 참 좋다.

◆ Anthem - Leonard Cohen

〈I'm your man〉으로 잘 알려진 음유시인이다. 이 노래는 왠지 담배 연기 자욱한 카페에서 독한 위스키에 얼음 몇 개 넣고 홀짝거리며 들어야 할 것 같다. 노장은 죽지 않는다는 말을 실감케 하는 멋진 할아버지다. 그 가사처럼, 저 종소리가 울려 퍼질 때까지 벨을 계속 울려보자!

"ling the bells that still can ring, forget your perfect offering. there is a crack, crack in everything. that's how the light gets in"

◈ Perfect day — Lou Reed

가장 영국적인 노래다. 잔잔한 그리움 속에 가슴으로 파고드는 삶의 고통을 어루만져 주는 노래다. 이 뮤직비디오에는 영국을 대표하는 대표 음악가들이 총출동했다. 한눈에 봐도 낯익은 스타 가수들이 한 구절씩 노래한다. 햇살 좋은 오후, 뜰에 나가 가슴으로 이 음악을 느껴보자. 왜냐고?

"Just perfect day"니까.

진분홍빛 비단 이불

때론 거대한 자연의 미에 취해 할 말을 잃을 때가 있다.
진분홍빛 비단 이불이 펼쳐진 황매산을 오를 때가 그러하다.
치장용 형용사나 그 어떤 미사여구도 필요 없다.
그저 바라보기만 하면 될 뿐!

▼ 철쭉 군락지풍경

▲ 황매산 산책길

▲ 황매산 정상을 바라보며

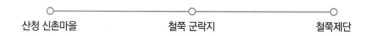

산청 신촌마을   철쭉 군락지   철쭉제단

걷는 거리: 10.8Km   소요 기간: 5시간

전국 최대의 철쭉 군락지로 알프스에 온 듯한 느낌 받음. 하늘 아래 꽃 정원 잔치

숨기고 싶은 길 ^{Best 2}

구례 산수유마을길

굴업도 개머리 언덕길

목가적 마을 풍경에
취함

인간과 자연의 싸움

구례 산수유마을길

목가적 마을 풍경에
취함

　　　여행은 다른 사람이 덮던 이불을 덮고 자고, 다른 사람이 먹던 식기와 숟가락으로 밥을 먹는 것이다. 온갖 사람들이 다녀간 낡은 여관방의 벽지 앞에서 옷을 갈아입는 것이다. 그리고 낡은 벽지가 기억하고 있는 수많은 사람들의 이야기 속에 자신의 이야기를 더하는 것이다. 그럼으로써 자신을 다른 사람에게 보내고, 다른 사람을 자신 속으로 받아들이는 것이다. 여행은 햇볕을 쪼이며 바닷가를 걷는 것이다. 아아, 파도처럼 하나의 물결에 또 하나의 물결이 되어, 그렇게 다른 사람들의 마음으로 들어갈 수 있다.

- 구본형 《사자같이 젊은 놈들》 중

여행의 흔적들

사람은 추억을 먹고 산다. 망각의 샘에서 소중한 보물 같은 기억을 찾아내 현실에서 위안을 삼는 것이다. 기억 저편 깊은 곳에 내재된 과거의 소중했던 노스탤지어를 끄집어내 되새김질을 한다. 여행길에 만난 사람들, 관광지 입장권이나 엽서, 다 찢어져 가는 지도 하나하나에 행복한 추억을 간직하고 있다. 여행이 남긴 작은 흔적들을 찾아 또 다른 여행을 떠나보는 건 어떨까?

오래전부터 여행할 때나 후에 남겨지는 흔적들을 버리지 않고 수집하는 버릇이 있다. 파일에 하나씩 정리해 가며 지나온 여행을 곱씹는 행복을 맛보기 위해서다. 4~5개의 여권을 한 장 한 장 넘기며 스탬프와 비자들을 유심히 들여다본다. 스탬프에는 여행한 나라와 날짜가 기록되어 있다. 스탬프 하나에 5~6개의 추억을 소유하고 있으니, 여권만 뒤져도 머릿속은 추억으로 가득 차 포화상태에 이르게 된다.

랜덤으로 여권을 펼쳐 하나의 스탬프를 정한다. 브루나이라는 나라가 나오고 2008년도라고 기록되어 있다. 싱가포르에서 브루나이행 비행기를 타고 갈 때 기내에서 있었던 추억이 먼저 스쳐간다. 하얀 두건을 한 스튜어디스에게 맥주 한 잔을 부탁하니 무슬림 국가라 주류 제공이 불가하다는 통보를 받았다. 입맛을 다시며 소일거리를 찾고 있을 때, 현대적인 무슬림 복장을 한 독특한 스튜어디스를 촬영하고픈 욕망이 꿈틀댄다. 당장 카메라를 꺼내 반대편에서 음료를 서빙하고 있는 두 분의 스튜어디스를 향해 줌으로 당겨 몰래 촬영을 하기 시작했다. 몇 컷을 촬영하고 있을 때 누군가가 어깨를 두드리기에 고개 돌려 보니 또 한 분의 스튜어디스가 벌레 씹은 표정으로 날 쳐다보며 한마디 하신다.

"손님, 무슬림 국가에서 여성을 촬영하는 건 아주 무례하오니 사진을 지워주시기 바랍니다."

홍당무처럼 변해 버린 얼굴을 하고 사진을 하나하나 지우기 시작했다. 학창 시절 사랑의 정의를 알아갈 즈음에 공중전화 박스에서 동전 금액이 급속도로 떨어지는 안타까움에 할 말을 다 하지 못하고 끊어야 하는 심정과 같다. 마지막 사진을 지울 땐 수전현상까지 생겼다. 브루나이 착륙 전에 파파라치처럼 몰래 한두 컷을 찍으며 희열을 느끼던 불량한 기억이 되살아난다.

여행지에서 만나게 되는 친구들과의 대화에서도 여권 안의 스탬프에 담긴 추억들을 끄집어내 안주로 삼는 경우가 다반사다. 또는 유명 관광지 입장권이나 너덜너덜해진 지도를 펼쳐 보이며 여행 정보를 서로 교환하기도 한다. 어떤 박물관은 월요일이 휴관이고, 어떤 관광지는 론리플래닛에는 없지만 꼭 가봐야 한다며 침이 마르게 추천해 주기도 한다. 방콕에서는 카오산 로드가 이런 역할을 하는 아지트가 되고, 유럽은 유스호스텔이 그 역할을 담당하고 있다. 여행을 마친 이들에게서 나오는 생생한 정보들은 여행을 준비하는 이들에겐 보석 같은 활력소가 된다.

여행 중에는 전통 시장 등에서 기념품을 살 때 작고 독특한 것들을 구입하게 되고, 여행을 마치고 귀국하기 전 공항에서는 부피가 큰 물건들을 사게 된다. 그래서인지 전자일 경우는 지역적 특색을 나타내는 작은 팔찌나 책상 위에 올려놓을 수 있는 기념품을, 후자일 경우는 위스키나 아이스와인을 챙기는 버릇이 있다. 호텔이나 리조트로 비즈니스 출장을 갈 경우에는 업무를 마치고 객실에 들어와 리조트 기념품들을 챙기는 게 순서이다.

고급 리조트에는 체류 기간 중 사용할 수 있는 1회용 비누, 반짇고리, 샴푸, 향(인센스) 등이 구비되어 있으며, 무료로 가져갈 수도 있게 되어 있다. 그렇다고 예쁜 꽃병이나 머그 컵 등을 무심코 짐 가방에 넣으면 체크아웃 시 카드에 불이 날 수도 있으니 유념해야 한다. 리조트 내 갤러리에서 유료로 구입할 수 있다. 공항에서는 무료하게 시간을 보내지 않기 위해 항상 와인숍을 찾는다. 국제공항이다 보니 한국에서 잘 접하지 못하는 고급 와인도 구경할 수 있고, 와인 공부 하기에도 안성맞춤이다. 여행이 끝나기 전에 지갑에 50~70달러는 남기는 버릇이 있다. 공항 면세점에서 아이스와인을 구입하기 위해서다. 그래서 다녀온 여행에 대한 추억을 안주 삼아 아이스와인을 마시는 게 나에게는 멋진 여행 디저트이다.

공항에서 아이스와인을 구입한다면, 전통 시장에서는 팔찌를 수집하는 버릇이 있다. 여행지마다 한 개 이상의 팔찌를 구입해서 손목에 선물해 준다. 자유 여행객의 인증마크인 양 자부심이 들기도 하고 모든 걸 버리고 여행을 즐길 수 있게 해 주는 Self-controler가 되어 주기도 한다. 주로 천 원에 2~3개 하는 것들이지만 평소에 잘 못 보던 것들이 시야에 들어올 때가 있는데, 그런 것들은 대개 5~6천 원을 호가하기도 한다.

여행의 흔적은 그 나라를 상징하는 기념품이 될 수도 있고, 여행에서 배설되는 사진이나 추억 덩어리가 될 수도 있다. 기념품은 타인에게 선물이 되어 사라질 수도 있고, 디지털카메라로 찍은 사진은 인쇄되어 앨범에 들어가지 않고 작은 모니터 세상에 숨겨져 버릴 수도 있다. 내 머릿속에 저장되어 있는 추억이야말로 진정한 나의 것이다. 세상의 모든 여행자들이여, 누군가에게 흔적을 남기는 여행을 하자꾸나! 그게 자기 자신이어도 좋고, 길 잃은 초보 여행자의 셰르파가 되어도 좋다.

여행의 흔적을 찾아 떠나는 여행을 해 보자.
과거의 추억이 아스라이 되살아나 입가에 행복한 미소를 머금게 할 것이리라.

구례 산수유 마을

봄꽃을 마중물 하러 남도로 떠난다.
청매실 농장은 이미 만개한 꽃잎이 한껏 미를 뽐낸 후 대지와의 키스를 시도 중이다. 예년보다 빠른 개화로 인해 축제를 준비하는 이들도 적잖이 당황하는 눈치다. 산수유와 매화라는 꽃놀이패를 들고 고민하다가 노랑을 먼저 찾기로 한다. 매번 산에 오를 때마다 산수유와 생강나무 꽃을 헷갈려 했다. 노랑 빛깔을 띤 놈들이 내 눈에는 그놈이 그놈처럼 보였기 때문이다. 다행히 이번 산수유마을을 다녀온 후부턴 명확하게 구분할 수 있게 되었다. 자연에서 뭔가를 배운다는 건 크나큰 축복이리라.

입구부터 차들은 완행열차가 되어 버린다. 가고 서기를 한참이나 반복하다가 마을 입구에 도착한다. 시끄러운 음악 소리가 축제장에 왔음을 알려준다. 일 년에 한 번 치르는 축제이니만큼 준비를 한다고 한 것 같은데, 그 밥에 그 나물이다. 드럼을 배울 때 그리 좋던 트로트도 이곳저곳 확성기에서 중구난방으로 틀어대니 심각한 공해가 되고 만다. 소음으로 가득 찬 도시를 피해 자연으로 왔건만 도시보다 심하다. 지자체들의 차별성 없는 축제의 전형적인 모습이다. 종로에서 먹던 핫바와 핫도그, 시간에 쫓겨 익다 만 손바닥만 한 해물파전, 소금을 부어 만든 돼지국밥. 각설이가 두드리는 북소리, 노래자랑 한다고 산천을 울려대는 밴드들의 요란한 연주. 이젠 정말 지겹다. 돈이 좀 들더라도 외지인에게 자릿값 팔지 말고 마을 부녀회나 구례읍에서 제도화해서 지역 특산물로 만든 술과 음식을 팔 순 없을까?

상위마을로 올라가면서 드넓게 펼쳐진 노란 산수유들이 상한 마음을 달래준다. 웅크린 몸에서 대여섯 개의 손이 하늘 향해 뻗어 나왔다. 수줍은 듯

살짝살짝 모습을 드러내는 마을 풍경이 참 아늑하다. 골목을 돌면 나타나는 정겨운 돌담길, 졸졸졸 흐르는 계곡 위에 흐드러지게 핀 산수유들의 흐느적거림, 집 앞을 지나칠 때마다 따뜻한 미소 건네시는 마을 주민들이 좋다. 지리산 자락에 있고, 일교차가 크지만 배수가 잘 되고 양지바른 곳에서 자라서 우리나라 산수유의 60퍼센트를 생산해 내고 있는 마을이다. 거기에 봄에는 노란 꽃으로, 가을에는 빨간 열매로 변하며 그 아름다운 자태를 한껏 뽐낸다.

▼ 산수유의 고운 자태

▲ 수묵화를 연상시키는 마을 하천 풍경

▲ 전망대에서 바라본 산수유 마을의 전원적 풍경

마을 꼭대기 전망대에 오르니 마을 전체가 한눈에 들어온다. 노란 산수유에 포위된 기와집들이 띄엄띄엄 들어서 있다. 지리산 자락 아래 화사하게 피어난 산수유들이 마을과 계곡 전체를 휘감고 있는 형상이다. 잠든 마을을 포근히 안고 있는 어머니 같다. 계곡을 따라 하위마을로 내려온다. 진달래와 벚꽃이 노랑 물결 속에서 힘겹게 빨강을 드러낸다. 다다익선보다는 과유불급을 애써 이야기하려는 듯하다. 아니면 홈그라운드인 진해나 윤중로에 태어나지 못했음을 한탄하고 있는지도 모를 일이다.

주최 측에서는 축제 테마를 왜 "영원한 사랑을 찾아서"로 정했을까? 산수유와 사랑이 무슨 연관관계가 있는 것일까? 외국인 한 명 없는 축제장에 왜 영어로 환영 인사를 적었을까? 홍보 마케팅과 스토리텔링의 부

▲ 사랑을 이야기하는 길

재가 아쉬움으로 남는다. 어찌 됐건 산수유마을은 고즈넉한 풍경으로 기억에 남는다. 그리고 산수유는 화려하지 않으면서도 고운 자태가 제멋을 내는 꽃으로 기억된다.

그래서 이번에는 산수유마을, 정확히는 평촌마을에서 하루를 묵어가기로 한다. 계곡 옆 정겨운 한옥에 배낭을 푼다. 어느덧 해는 뉘엿뉘엿 서산으로 넘어가고 뿌옇게 내렸던 황사도 서서히 걷혀간다. 마루에 앉아 버섯을 썰어 말리는 할머니 모습이 참 곱다. 마당에선 할아버지와 아들이 산수유 막걸리와 파전을 대접하느라 분주하게 뛰어다니신다. 해 질 녘인데도 여행객들의 주문은 끊이질 않는다. 짐을 정리하고 마루에 나와 분홍빛 산수유 막걸리 한 사발 들이켠다. 석양에 물든 목가적 마을 풍경이 꽤나 평화스럽다. 숯불을 피워 정육점에서 사온 냉동 흑돼지를 굽는다. 어느새 소주 한 병 들고 살며시 다가오시는 할아버지. 별빛은 더 초롱초롱해지고 달무리는 더 영롱하게 빛난다. 구례 작은 마을에서 한평생 살아오신 소시민의 과거 이야기가 정겹다. 스쳐 지나면 몰랐을 사람 이야기, 하룻밤 묵어가며 전해지는 구수한 인생 이야기에 행복한 밤은 깊어간다.

문지방을 통과한 여린 새벽빛에 눈을 뜬다. 서둘러 카메라 메고 산책 길에 오른다. 황금시간대에 맞춰 풍경을 담으려는 사진가들의 발걸음도 분주하다. 여명을 뚫고 솟아오르는 싱그러운 햇살과 그 빛에 반사되는 주변 풍경을 담으려나 보다. 발걸음이 지나는 곳마다 어제와는 다른 해맑은 노랑이 반긴다. 많은 인파로 지쳐 보이던 산수유들이 새 생명을 받은 듯 생글생글한 모습이다. 이른 아침에 펼쳐지는 자연경관은 감탄사를 자아내게 만든다. 진정한 여행은 민박집에서 머물고 다음 날 아침에 맞이하는 자연의 오묘한 향연이리라.

10시를 넘어서면서 관광버스가 몰려오기 시작한다. 떠날 시간이다. 민박집 주인장에게 말린 산수유 한 봉지 얻어 배낭에 넣고 길을 나선다. 관광객과 여행자의 시선이 교차한다. 언뜻언뜻 뒤로 멀어져 가는 산수유마을을 아쉬워한다. 내년 이맘때는 쌍계사 십리벚꽃길에서 하루 묵어가면 좋겠다. 아침 햇살을 흠뻑 머금은 산뜻한 벚꽃의 향연을 즐기고 싶다.

▲ 아침 햇살을 담은 산수유

▲ 노란 물결이 넘실대는 하위마을

구례   산수유마을   상위마을

걷는 거리: 3Km   소요 기간: 3시간(여유로운 산책)

봄의 전령사로 산수유마을 돌담길의 목가적 풍경과 지리산 계곡물에 비친 노랑 잔치가 압권

인간과 자연의 싸움

사회적 인간을 원시적 인간과 편견 없이 비교해 보라. 그리고 할 수 있다면 사회적 인간이 그의 악의와 욕구, 불행 외에도 고통과 죽음으로 통하는 새로운 문들을 얼마나 많이 열어 놓았는지 알아보라.

- 장 자크 루소《인간 불평등 기원론》중

섬에서 만난 사람들

1689년 네덜란드의 지원을 받아 영국 왕위에 오른 윌리엄 3세는 프랑스 와인에는 비싼 세금을 매기고 네덜란드산 Gin은 세율 없이 수입하게끔 했다. 우리의 소주와 같이 값이 싸고 쉽게 취할 수 있어 영국 서민들의 절대적인 사랑을 받기 시작한다. 하지만 영국 특유의 Bitter 맥주 제조업자의 반대와 주정뱅이들이 사회문제로 대두되면서 진에도 비싼 세금을 매기게 된다.

생각해 보라, 우리나라에서 소줏값을 천 원에서 오천 원으로 올리면 어떻게 되겠는가? 당연히 영국 서민들은 폭동을 일으키게 되고 점차적으로 진 가격도 적정 가격에서 정착하기 시작한다. 이러한 역사는 지금까지 이어져 유명한 진은 대부분 영국산이 차지하게 된다. 토닉워터와 레몬(라임)을 짜 넣어 마시면 상쾌하고 깔끔한 청량감이 입안에 쏴아 퍼진다. 그래서 진(봄베이)은 내 여행길에는 없어서는 안 될 죽마고우다.

봄베이 사파이어 진, 토닉워터, 얼음통 그리고 잘게 썬 레몬을 사이에 두고 세 명이 모였다. 굴업도의 동쪽 풍경에 홀딱 반한 이방인, 얼마 전 TV에서 방영했던 북한의 백두대간을 찍고 기획했던 뉴질랜드 친구 Roger, 굴업도의 살아 있는 전설이자 듬직한 지킴이 전 이장님이 저녁 식사 후 술판을 벌인 것이다. 막걸리로 시작한 술자리였지만 무더운 여름 날씨에 진토닉 생각이 간절해 배낭에 숨겨뒀던 봄베이 진을 가져왔다. 세

팅 후 마지막으로 레몬즙을 짜 넣어 젓가락으로 저은 후 잔을 들어 건배를 외친다.

"굴업도를 위하여!!!"

좋은 사람들과 좋은 자리에서 마셔서 그런지 깔끔하고 시원한 맛이 급속하게 가슴까지 전이된다. 술잔이 일 순배 돌자 각자 재미난 이야기보따리를 풀기 시작한다. 화제는 당연히 로저에게 집중된다. 우리나라 백두대간의 매력에 빠진 로저는 뉴질랜드 문화청의 중재로 북한에 들어가게 된다. 북한 문화국 담당자와 함께 북한의 백두대간을 카메라와 비디오에 담는 작업을 수차례 한 결과 엄청난 자료를 수집하게 된다.

얼마 전 TV에서 방영했던 건 방대한 자료의 일부라고 얘기한다. 다행히 적정한 가격에 판매하게 되어 기쁘다는 표정을 애써 감추지 않는다. 절반 이상이 편집되긴 했지만 북한의 백두대간을 한국에 알릴 수 있어 좋았다고 한다. 조만간 남한과 북한의 백두대간의 웅장함을 사진으로 담은 사진집이 발간된다고 한다. 마지막 작업을 위해 다음 주에 다시 북한에 들어간다는 로저의 당당하고 자신감 넘치는 모습이 현재 꼬일 대로 꼬인 남북 냉전시대를 사는 나를 우울하게 만든다.

이장님이 거대 자본 CJ와 힘겹게 싸우는 이야기들을 들려주는 내내 로저는 이해할 수 없다는 표정이다. 이렇게 아름다운 곳에 일부 기득권층만을 위한 골프장과 레저 콘도시설을 짓는다는 발상도 그렇지만, 주민 동의를 구하지 않고 비겁함과 일방적인 자본의 힘으로 개발 반대자들을 몰아내려는 재벌의 행동을 이해할 수 없다고 열변을 토한다. 이틀 동안 아껴 먹으려 했던 봄베이는 벌써 바닥을 드러낸 지 오래다.

맥주 한 캔씩 들고 야외 테이블로 2차를 간다. 야외 테이블엔 이미 다른 일행이 거한 술판을 벌이고 있다. 이장님을 보더니 마시고 있던 와인을 들고 합석을 한다. 소주잔에 따라 먹는 아르헨티나 와인 맛도 가히 일품이다. 옆 테이블에 있던 다른 일행은 맥칼란 위스키를 가져와 한잔 하라며 따라준다. 막걸리로 시작해 진토닉, 와인 그리고 위스키로 이어진 한밤의 흥겨운 술자리는 그렇게 새벽까지 이어진다.

여행지에서 만나는 사람들과의 즐거운 대화는 여행의 의미와 재미를 배가시켜 준다. 닫힌 마음을 열고 세상을 향해 쏟아내는 절제되지 않은 얘기들에는 열정과 진심이 배어 있다.

아! 개머리 능선

해장으로 뭘 할까 고민하다가 수영을 하기로 한다. 큰말 해변으로 달려가 몸을 바다에 풍덩 던지니 머리끝까지 시원해진다. 해맑은 미소로 정성스레 준비해 주신 사모님의 성찬을 먹고 숙소로 돌아와 우유가 듬뿍 들어간 립톤 홍차 한 잔을 마신다. 속세의 근심을 모두 잊어버리고 이렇게 홍

▲ 알프스를 연상케하는 개머리 언덕

차를 마시며 파란 바다를 바라볼 수 있게 해준 나 자신에 감사해한다. 어제 냉동고에 넣어둔 생수와 맥주 한 캔을 꺼내 배낭에 넣고 개머리 초지로 향한다. 여유로운 아침 햇살이 서쪽 섬 능선을 영롱하게 비춰주고 있다.

언덕을 오르자 광활한 초지가 드넓게 펼쳐진다. 정말 장관이다. 곰배령이 이보다 멋있었던가? 소백산 정상이 이보다 아름다웠던가? 영국 남부

▲ 백패커들의 성지

해안도시 스와니지의 풍경과, 모네가 살았던 프랑스 남부의 전원적인 풍
경이 연상된다. 푸른 하늘 아래 초록빛 평야가 펼쳐진 모습은 윈도우 바
탕화면보다 더 강렬하고 매력적이다. 능선을 하나 더 넘어가자 아래쪽 분
지에서 비박으로 하룻밤을 보낸 백패커들이 짐을 싸서 철수하고 있다. 표
정을 보아하니 밤늦게까지 고독과 낭만을 씹어서 피곤해하는 기색이다.

초지 끝으로 나아가니 옆으로 펼쳐지는 기암괴석과 절벽들이 장관이다. 양산을 쓰고 언덕을 내려가는 여인은 한 폭의 수채화를 연상시킨다. 여인네 발밑으로 듬성듬성 양귀비가 피었으면 좋으련만. 어느새 태양은 머리 위로 올라와 뜨거운 빛을 작열하고 있다. 태양을 피할 곳을 쉬이 찾을 수 없어 절경을 뒤로하고 회군하기로 한다. 오를 때 청아한 날씨와는 달리 내려갈 때는 옅은 운무가 언덕을 휘감아 돈다. 볼을 스치는 차가운 기운이 엔도르핀을 급상승시킨다. 왼쪽으론 낚싯배가 절벽을 피해 돌아가고, 오른쪽으론 운무에 살짝살짝 모습을 드러내는 선유도의 세 봉우리가 보인다.

마을로 내려와 곧장 바다로 달려간다. 새빨갛게 탄 팔과 다리가 따끔거릴 정도로 통증을 유발한다. 바닷물에 넣어 치유해 주니 금세 회복된다. 오후에는 바닷가 앞 솔밭에 앉아 내내 책만 읽었다. 귀차니즘도 밀려왔거니와 편안한 그늘에서 맛난 책 한 권 읽어보는 재미도 느껴보고 싶었기에. 해가 기울어 저녁을 먹으러 가니 어제 만났던 일행들은 모두 떠나고 새로운 여행객들이 눈인사를 하며 맞이해 준다. 회자정리(會者定離) 거자필반(去者必返)이라 하지 않던가. 만나면 언젠가는 헤어지고, 간 사람은 반드시 돌아오는 것이리라.

바닷가에 나가 한참을 서성인다. 긴 백사장을 왔다 갔다 하며 썩은 생각들을 버리고 신선한 사고의 창을 머릿속에 채운다. 개머리 언덕에서의 멋들어진 경치를 곱씹어 음미해 본다. 하늘에 뜬 별들이 참 곱다.

▲ 연평산에서 바라본 개미허리 해변

이기적 유전자

나만이 간직하고픈 조용한 휴양지로 남아 있기를 바랐었다. 태국의 사무이섬을 찾았을 때 그랬고, 말레이시아 쿠칭지역 밀림지대를 찾았을 때도 그러했다. 상업 자본주의가 들어오기 전의 자연 생태문화를 그대로 간직하고 있는 그 자체의 모습이 좋았다. 처음 사무이섬을 방문했을 때의 멋진 경험들은 지금도 잊지 못한다. 원주민들의 소박하면서도 구수한 인심과 문화를 체험한다는 자체가 너무나 좋았다. 에메랄드빛 바다가 섬을 둘러싸고 있다. 번화가인 차웽로드에 나가면 전통음식과 하늘만큼 맑은 눈을 가진 친구들과 싱하 맥주 한잔 부딪히는 게 좋았다. 오토바이를 빌려 섬 트레킹을 하다 마주친 경탄할 풍경들에 압도당했었다.

10여 년이 흐른 지금의 모습은 어떠한가? 토속 음식점은 프랜차이즈 레스토랑으로 바뀌었고, 깎아라 말아라 하며 사람 냄새 물씬 풍기던 재래시장은 할인전문점이 들어와 정찰 가격표 아래 꼼짝 말아라다. 태국 전통 양식의 뾰족한 지붕은 젠(Zen) 스타일의 화이트 대리석으로 현대화, 획일화되어 버렸다. 아름답던 비치엔 리조트들이 빼곡히 들어서서 해변을 마음 놓고 걸어 다니지도 못할 지경이다. 그럼에도 불구하고 아직도 사무이섬을 사랑하고 있지만 섬에 대한 열정적인 사랑은 예전만은 못하다.

자본주의 아래 만고불변은 없을 것이다. 여기에 이기적 유전자도 한 몫을 한다. 내가 좋아하는 곳이니 개발되지 않고, 천연 그대로 보존되기를 바라는 마음 말이다. 어찌 보면 현지인들은 보다 나은 삶을 위해 헌 집을 부수고 깨끗한 집을 지어 더 많은 관광객을 불러들여 경제적 안정을 찾는 게 당연할 수 있다. 거기에 대자본이 들어가 편의시설이나 오락시설을 만든다고 해서 딱히 막기도 어려운 일이다. 실제 지리산 둘레길을 걸을 때에도 비슷한 경험을 했다. 길을 걷다 시멘트 길이 많아 투덜거릴 때 같은 일행이 했던 말이 생각난다.

▲ 언덕에서 바라본 굴업도 해변

"우리 같은 둘레꾼들이야 이 길을 한두 번 걸으면 끝이지만, 이곳 주민들은 평생 동안 이 길을 오가며 생계를 유지해야 한다네. 시멘트 길이 있더라도 자네가 이해하게나."

▲ 굴업도 비경

굴업도는 생태 휴양 섬으로 보존되어 남게 될까? 아니면 대자본에 의해 1%를 위한 휴양 레저 섬으로 바뀌게 될까? 땅거미가 내리고 칠흑 같은 어둠이 찾아올 때까지 고민해도 답을 찾을 수 없다. 밀려오던 파도가 절벽에 부딪쳐 산산이 부서진다. 그 파도 소리가 귀를 때린다. 가슴을 후벼 파는 파도 소리가 날 무척이나 아프게 한다.

▲ 개와 늑대의 시간을 걷다

선착장   연평산   개머리 언덕   마을

걷는 거리: 12Km   소요 기간: 7시간

한국의 갈라파고스이자 백패커의 로망. 개머리 언덕에서 바라보는 섬 풍경은 천하 절경

길 여행자
Road Traveler

초판인쇄 2023년 08월 11일
초판발행 2023년 08월 11일

지은이 강성일
펴낸이 채종준
펴낸곳 한국학술정보(주)
주 소 경기도 파주시 회동길 230(문발동)
전 화 031-908-3181(대표)
팩 스 031-908-3189
홈페이지 http://ebook.kstudy.com
E-mail 출판사업부 publish@kstudy.com
등 록 제일산-115호(2000. 6. 19)

ISBN 979-11-6983-587-9 03980